今天给孩子
做什么菜

[韩]姜智贤 著　　全贞燕 译

江苏凤凰科学技术出版社　凤凰含章

图书在版编目（CIP）数据

今天给孩子做什么菜 / (韩) 姜智贤著；全贞燕译
. -- 南京：江苏凤凰科学技术出版社，2016.8

ISBN 978-7-5537-6201-2

Ⅰ.①今… Ⅱ.①姜… ②全… Ⅲ.①儿童 - 菜谱

Ⅳ.① TS972.162

中国版本图书馆 CIP 数据核字 (2016) 第 047423 号

江苏省版权局著作权合同登记 图字：10-2015-447 号

今天给孩子做什么菜

著　　　者	[韩] 姜智贤	
译　　　者	全贞燕	
责 任 编 辑	张远文	
责 任 监 制	曹叶平　　方　晨	
出 版 发 行	凤凰出版传媒股份有限公司	
	江苏凤凰科学技术出版社	
出版社地址	南京市湖南路 1 号 A 楼，邮编：210009	
出版社网址	http://www.pspress.cn	
经　　　销	凤凰出版传媒股份有限公司	
印　　　刷	北京旭丰源印刷技术有限公司	
开　　　本	718mm × 1000mm　1/16	
印　　　张	15	
字　　　数	180 000	
版　　　次	2016年8月第1版	
印　　　次	2016年8月第1次印刷	
标 准 书 号	ISBN 978-7-5537-6201-2	
定　　　价	39.80元	

图书如有印装质量问题，可随时向我社出版科调换。

用普通的食材
为孩子准备特别的美味

　　我认为"今天给孩子做什么菜"这一话题，无论是职场妈妈还是家庭主妇都是每天需要解决的一道难题。我虽然以厨艺博主广为人知，但时常也会面临因为各种琐事来不及买菜而家中食材不足的情况，也会面临女儿放学刚刚进家门就说肚子饿吵着要东西吃，却不知该给她做什么的情况。有时候女儿要去现场学习，给她准备一份简单的便当都会把厨房搞得一团乱。但也不能给正在长身体的孩子随意买些快餐，或者用冰箱里的几种泡菜打发孩子，总是让她吃相同的食物。为此，我开始思考有没有办法能够利用现有的原料迅速做出孩子喜欢的食物。于是想到的方法是平日里有空的时候把经常使用的食材做成半成品状态再进行保存以备不时之需。像切好的牛肉用调料腌渍之后按 100 克的分量分别保存，将泡菜的菜心去除之后简单地拌一拌，凤尾鱼汤底可以在晚上洗碗收拾的时候提前熬制，像大麦茶一样放入冷藏室保存，需要冷冻的材料放进冰箱时都按照一次的烹饪量分别冷冻，这么做的结果大大节省了做菜的时间。如此一来，实际上 10~20 分钟的时间就可以为孩子做出相当不错的食物。虽然会根据个人的方式略有差异，但本书介绍的食物以及烹饪时间都是我在自家厨房一道一道烹饪时整理出的结果。

　　无论如何，烹饪食物都是一种需要花费很多精力且不甚轻松的事情。然而，看着孩子吃下自己用爱心做出的食物一天天茁壮成长，所有的辛苦都会立即烟消云散，也许这就是作为母亲的心境。过去经常听大人说只要看着孩子吃下食物，自己不吃，光看就饱了。直到我自己当了母亲才明白此言不假。孩子眼中妈妈的那间小厨房仿佛是魔法小屋一样，只要说出想吃的东西就可以立即做出来，女儿常常要求吃炸酱面、炸鸡、披萨这类饭店菜单中的菜，面对女儿的这种要求，我一边回答说"妈妈今天很忙"，一边却不自觉地走进厨房查看冰箱，看看能不能做出差不多的食物。对于自己的这副举动，有时候自己都会不由自主地噗嗤一笑。"要不是现在，什么时候还能让孩子任意地享用妈妈亲手做的食物呢。孩子转眼就长大了……"这种难以割舍的情怀甚至会对能为孩子烹饪美食的机会而产生一种感激之心，一如既往地在厨房开始勤奋地忙碌起来。

虽然说如今的时代可以通过网络搜索各种信息，但也许是出于书籍纸张所带有的责任感，写书稿的时候总会更加慎重，因此，哪怕对一种材料的分量我在记录时也经过了再三的思量。虽有很多不足之处，但一想到能够与各位读者分享我为女儿烹饪的食材与烹制方法，我还是鼓起勇气竭尽所有诚意与努力发行了这本书。能够再次成功出版，得益于通过"冬季草莓的共享美味人间"博客空间相互分享的广大网友，非常感谢他们对我上传的再平常不过的烹饪方法的鼓励。此外，还要感谢每一位手里拿着这本书思考今天该给孩子做什么的读者朋友。希望广大读者朋友能够通过这本书获得更多用普通的食材为孩子准备特别食物的创意和想法。最后要感谢我的女儿，无论妈妈做什么食物都会有滋有味儿地享用，还不忘说"妈妈做的食物最棒"。

姜智贤

目录

09　**01** 计量方法

10　**02** 值得配备的便利厨房器具

11　**03** 实用的半成品食材

18　**04** 实用的分装保管食材

ONE

孩子尤其喜欢吃的

日常菜肴

22　**泡菜玉米饼**·口感十足的玉米别具风味

24　**莲藕酱坚果**·一口莲藕，一口坚果

26　**凉拌菠菜豆腐**·力气棒棒，个子高高

28　**酱油炒鱿鱼**·卷卷的看上去更加美味

30　**土豆煎蛋饼**·别具一格的土豆煎蛋饼

32　**小炒迷你杏鲍菇**·这么可爱，忍不住吃一口

34　**咖喱香菇饼**·香菇的新颖吃法

35　**牛肉糯米饼**·简便的肉饼

36　**蔬菜鸡蛋卷**·什么时候吃都这么美味

38　**酱猪颈肉**·最美味的下饭菜

40　**蒜炒鳀鱼**·虽然是大蒜，但是没关系

42　**红烧豆腐**·酥脆香辣、酸酸甜甜

44　**收汁酱牛肉**·没有汤汁，油光闪亮

46　**鹌鹑蛋培根卷**·便当里的常客

48　**苏子叶饼**·荏子油烹制的美食

49　**猪肉酱鹌鹑蛋**·柔嫩易撕

50　**鱼饼炒杂菜**·蔬菜再多一点儿也不错

52　**莲藕煎饼**·细致绞碎之后烹制成一口一个的大小

54　**果酱牛蒡**·咸咸甜甜

56　**西红柿煎蛋卷**·我要乖乖地用勺子舀着吃

58　**西葫芦煎肉饼**·最美味的西葫芦饼

60　**凉拌绿豆凉粉**·细嫩丝滑的口感

62　**咖喱红烧鹌鹑蛋**·用勺子大口大口吃也可以

TWO
孩子也喜欢的
煮汤炖汤

64　**金枪鱼泡菜汤** · 食材很暖心

66　**土豆辣酱汤** · 浓浓的一品汤味

68　**韭菜鸡蛋汤** · 因为是韭菜，所以没关系

70　**土豆鸡蛋汤** · 既软绵绵又柔滑

72　**牛肉裙带汤** · 青睐的美味是肉汤

74　**南瓜豆腐汤** · 豆腐香喷喷

76　**鱼饼萝卜汤** · 轻松熬制的汤

78　**油豆腐肉汤** · 筋道的年糕馅儿

80　**黄豆芽汤** · 可同时烹制两种料理

82　**蛤仔菠菜汤** · 爽口的汤味儿

84　**海鲜蒸蛋** · 柔柔嫩嫩易于拌饭吃

86　**蘑菇烤肉砂锅** · 既是汤又是下饭菜

88　**洋葱蒸豆腐** · 豆腐如此美味

THREE
无需其他菜肴也安心！
一盘料理

90　**酱油拌面** · 比汤面更好吃

92　**卷泡菜汤面** · 酸酸甜甜的红汤很好喝

94　**泡菜炸猪排盖饭** · 梦幻搭配

96　**泡菜培根炒饭** · 快乐地翻炒泡菜

98　**鸡蛋剩饭饼** · 趁热吃才香

100　**萝卜块泡菜炒饭** · 要用姥姥家的萝卜块泡菜烹制

102　**裙带丝炒饭** · 尽享咀嚼的乐趣

104　**烤肉盖饭** · 盖饭真滋润

106　**牛骨年糕汤** · 喜欢精熬牛骨汤

108　**鸡蛋饭** · 微波炉即可搞定

110　**炸酱炒乌冬面** · 乌冬面也不错

112　**奶酪飞鱼籽饭** · 热饭配奶酪

114　**炸鸡蛋黄酱盖饭** · 炸鸡放在米饭上

116　**咖喱米线** · 不同于面条的风味

118　**牛肉蔬菜粥** · 比起米饭，粥更适合当早饭

120　**虾仁糯米粥** · 虾仁的口感真好

122　**橡子凉粉面** · 呼噜噜呼噜噜

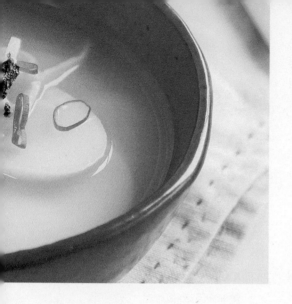

FIVE

去体验学习时
给孩子倍儿长气势的

便当

158　迷你紫菜包饭·一个一个夹着吃

160　炸猪排紫菜包饭·紫菜包饭里面包的是炸猪排

162　酸泡菜包饭·任何时候泡菜都好吃

164　烤肉紫菜包饭·肉多多，蔬菜多多

166　鸡蛋卷紫菜包饭·厚厚的鸡蛋卷藏在紫菜包饭里

168　黄瓜蟹肉卷·黄瓜＋蟹肉＋奶酪

170　牛肉蔬菜炒饭·放上的花瓣

172　金枪鱼泡菜饭团·不要烦恼，两个都放了

174　鸡蛋三明治·用简单的食材迅速烹制

176　羽衣甘蓝包饭·包饭酱真香

178　鸡胸肉三明治卷·鸡胸肉很清淡

180　火腿饭团·辣酥酥的止不住手

182　黑麦面包三明治·散发出健康的美味

184　地瓜蔓越莓三明治·真庆幸容易做

186　腌黄瓜油豆腐寿司·在油豆腐里的腌黄瓜

FOUR

比外卖更加省时间的

外餐食品

124　土豆热狗·因为不是面粉，所以更好吃

126　蟹肉吐司·折起来吃的美味

128　玉米土豆浓汤·柔滑又香甜

130　汤汁炒年糕·炒年糕的黄金比例很简单

132　墨西哥泡菜夹饼·不黏手真好

134　炸猪排汉堡·精致的妈妈牌汉堡

136　早餐吐司·这个为什么会是路边摊的食物？

138　泡菜奶酪米饭汉堡·用勺子吃的汉堡

139　打糕吐司·面包与打糕的相遇

140　基督山伯爵三明治·切块之后看上去更加好吃

142　长棍面包烤肉披萨·美味满满的烤肉

144　虾仁团子·饱满的虾仁，筋道的土豆味

146　米肠炒长条糕·苏子叶的清逸香气

148　奶酪棒·满满的奶酪味

150　炸鸡柳·不用油炸也可以香香脆脆

152　鸡米花·我要一口吃两个

154　糖醋香菇·比肉更筋道

156　三文鱼排·哇哦！像模像样的

SIX

特别之日里准备的
手指零食

188 **南瓜羊羹** · 可爱得下不了手

190 **鱼酱翅根** · 家里居然也可以做出这种味道

192 **玉米沙拉** · 掏空西红柿做的碗也可以一并吃掉

194 **蓝莓三明治** · 奶酪之中泛出点点紫色

195 **杯状寿司** · 一层一层花花绿绿

196 **迷你巧克力饼干** · 胖乎乎的巧克力饼干

198 **草莓奶酪卷** · 草莓与奶酪的梦幻搭配

200 **坚果巧克力** · 巧克力好香

202 **栗子球** · 去壳的栗子

204 **草莓塑杯蛋糕** · 舀着吃的蛋糕

205 **南瓜汁** · 比南瓜粥好吃得多

206 **火腿奶酪三明治** · 三明治吃起来像糖

208 **越南春卷** · 仅仅浸泡3秒钟

210 **墨西哥牛肉薄饼卷** · 牛肉丸子弹性十足

212 **西红柿彩椒汁** · 放哪种颜色的彩椒呢?

SEVEN

比起饼干更受欢迎的
零食

214 **焗南瓜** · 奶油炒年糕放入南瓜里

216 **果酱爆玄米花** · 追忆中的零食

218 **地瓜干** · 谁都喜欢的人气零食

219 **黄油烤玉米** · 香喷喷，口感十足

220 **年糕炒杂菜** · 松松软软、细细嫩嫩

222 **南瓜糯米烙饼** · 筋道的糯米零食

224 **烤年糕片** · 静静地翻烤即可

225 **糖馅糯米饼** · 青豌豆一粒一粒，蓝莓一颗一颗

226 **地瓜蜂蜜团子** · 用手搓成球状的乐趣

228 **茄子披萨** · 蔬菜也不错

230 **奶酪烤地瓜泡菜** · 泡菜与地瓜是绝配

231 **水果干** · 100% 原汁原味的水果

232 **面包热狗** · 面包卷火腿

234 **油炸迷你南瓜** · 油炸食品无论何时都好吃

235 **苹果鸡蛋沙拉** · 食材很简便

236 **土豆沙拉** · 细细软软的土豆是一品

238 **水果冰棍** · 即使不那么甜也很好

01

计量方法

粉类

用勺计量

1 大勺（15g）　　　　1 小勺（5g）　　　　0.5 小勺（2.5g）

液体

1 大勺（15ml）　　　1 小勺（5ml）　　　0.5 小勺（2.5ml）

用勺计量

1 杯（200g）　　　　0.7 杯（140ml）　　　0.5 杯（100ml）

9

计量勺 & 计量杯

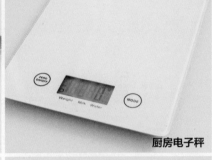

厨房电子秤

厨房

硅胶模具

蔬菜脱水器

02

值得配备的便利厨房器具

计量勺 & 计量杯

养成使用计量工具的习惯，烹饪将变得更加轻松。家中配备一个，阅读本书照着做或者独自烹饪时非常方便。

厨房电子秤

如果有电子秤可以准确地对食材进行称重，有助于烹制出正确的味道。尤其制作面点时，非常需要一个准确度达到 1g 单位的电子秤。

厨房计时器

同时烹饪多种食物时，计时器可以帮您很好地掌握烹饪时间。尤其在烹饪明火食物时，计时器非常实用。

硅胶模具

这种模具在冷冻存放 1 大勺量为单位的蒜泥或果汁的时候非常方便。

蔬菜脱水器

用于沙拉或汉堡的蔬菜，由于清洗之后的残留水分而很容易破坏烹制的食物。这时，如果有蔬菜脱水器可以彻底去除蔬菜的残留水分，进而可以突出食物的味道与形状。

切丝器

如果有一件可以更换各种刀刃的切丝器，不仅可以切出比手切更加整齐的形状，还可以节省很多时间。

03

实用的半成品食材

下面介绍的都是我本人经常使用的半成品食材。
有空的时候提前准备一些放进冰箱里，可以迅速准备一桌热腾腾的儿童餐。

鳀鱼高汤

🍴 **Ready**

煲汤用鳀鱼 ·············· 2/3 杯   水 ·························· 2L
5cm×5cm 的海带 ······· 5 张

🍴 **How to Make**

1 在干锅中放入鳀鱼轻轻翻炒以去除鱼腥味备用。

2 冷水中放入鳀鱼和海带，浸泡 30 分钟左右。

3 鳀鱼海带汤加热，开始沸腾之后捞出海带，以中微火继续熬煮 3 分钟左右之后晾凉。

4 捞出鳀鱼晾凉之后放入冰箱冷藏，可使用 3~5 天。

步骤 1 可以一次性翻炒大量鳀鱼，放入冷冻室存放，便于使用。
步骤 2 这种做法比起刚熬煮的高汤，汤味更加浓厚。

11

调味酱油

这种酱油在烹制酱烧料理或腌渍肉类，以及需要使用照烧调料时可以有效使用。

Ready

酱油	2 杯	大蒜	3 瓣
料酒	1 杯	胡椒粒	0.3 勺
清酒	1 杯	干辣椒	1 个
白糖	0.7 杯	苹果	1/3 个
洋葱	1/2 个	柠檬片	3 片
姜片	3~5 片		

How to Make

1 洋葱洗净切丝；大蒜洗净切成两半；苹果洗净去皮切薄片，备用。

2 汤锅里放入除柠檬与苹果之外的其余所有食材，用中火熬煮。待煮沸之后改为微火继续炖煮 15~20 分钟。

3 关火晾凉之后放入柠檬片与苹果片。

4 发酵一天左右之后，捞出此前放入的食材，将剩余汤汁冷藏存放。

Tips

步骤 4 冷藏的调味酱油可以使用 1 个月左右。

乳清奶酪

通常，鲜奶油只会用到一小部分，其余都会浪费掉。如果将剩余的鲜奶油制成乳清奶酪就可以不用浪费美味。只要有牛奶与鲜奶油就可以轻松烹制出乳清奶酪。

❢ Ready

牛奶 ······························ 500ml
鲜奶油 ···························· 250ml
醋 ·································· 2 大勺
柠檬汁 ···························· 1 大勺
食盐 ······························ 0.5 小勺

Tips

步骤 4 在这个过程中，乳清会一点一点向下流出，因此放入冰箱时应放入沥水盆里。如果偏好咀嚼较硬的食物，则应在蒸笼布上放置一个有重量的玻璃碗即可。

步骤 5 冷藏存放可持续保鲜 5 天左右。

❢ How to Make

1 将准备的所有食材放入锅里搅拌均匀。

2 用中微火熬煮，待冒起小泡时改为微火继续熬煮 25 分钟左右，直至像豆腐脑一样结块。

3 将步骤 2 晾凉之后倒入蒸笼布上，放置 1~2 小时。

4 待乳清流得差不多了，结成稍微硬块的状态之后放入冰箱冷藏发酵一晚。

5 待乳清变硬，放入碗中冷藏存放。

迷你炸猪排

猪排切成小块分别包装再冷冻。使用时不仅可以节省烹饪时间，也可以迅速做出炸猪排盖饭、炸猪排汉堡等美食。

♟ Ready

猪外脊 ·························· 300g

里脊腌渍

料酒 ·························· 1 大勺

盐、胡椒粉 ·················· 适量

炸粉

面粉 ·························· 3 大勺

咖喱粉 ······················ 1 小勺

鸡蛋 ·························· 1 个

面包粉 ······················ 1.5 杯

♟ How to Make

1 猪肉按适当厚度切片。

2 轻轻拍打猪肉片使其变薄，注意不要切断猪肉片。

3 用料酒、盐、胡椒粉腌渍猪肉。

4 按照面粉与咖喱粉混合物、鸡蛋、面包粉的顺序，将猪肉片依次裹好，炸粉后用保鲜膜每片单独包装再进行冷冻保存。

糯米饭

通常熬粥的时候都需要将糯米浸泡一段时间，还要经过用香油翻炒的过程。但如果先烹煮糯米饭，以半碗的分量分别冷冻后使用时，则可以轻松地熬制糯米粥。

🥄 Ready

糯米 .... 2 杯
水 .... 2 杯

步骤 3 水的分量与浸泡之前的糯米分量相同即可。

步骤 4 用半碗米饭可以熬制一碗粥。

🥄 How to Make

1 糯米清洗之后，再浸泡 30 分钟左右。

2 用筛网容器将糯米沥干水分。

3 放入少量的水盖上锅盖，用中火熬煮糯米。煮开之后改用微火继续熬煮 15 分钟左右。

4 翻动几次散出热气之后，盖上锅盖焖 15 分钟左右。按照半碗的分量分别冷冻即可。

调味牛肉泥

调味牛肉泥是烹制炒饭、粥等食物时，经常用到的半成品。

用调味酱油和食盐简单腌渍即可。

Ready

牛肉泥	300g

调料

调味酱油	1 大勺
料酒	1 小勺
蒜泥	1 小勺
食盐、胡椒粉	少量

How to Make

1 牛肉泥中放入上述分量的调料。

2 拌匀之后分成 50g、100g 的小份放入冰箱冷冻保管。

调味烤肉

调味烤肉是烹制烤肉盖饭、烤肉三明治等料理时经常使用的。

Ready

烤肉用牛肉	600g

调料

调味酱油	5 大勺
料酒	1 大勺
蒜泥	1 大勺
胡椒粉	少量

How to Make

1 利用厨房纸巾去除牛肉的血水，再切成一口大小。

2 放入上列分量的调料拌匀，分成 50g、100g 的小份放入冰箱冷冻保管。

蒸地瓜

　　烹制浓汤、三明治、面点等食物时经常使用的食材就是地瓜。

　　然而，由于地瓜易腐坏，因此每次只需小量蒸煮3~4个，并尽快使用。

🥄 Ready

地瓜 ······················· 3~4 个
水 ·························· 3 大勺

🥄 How to Make

1 选择底厚的锅（砂锅亦可）放入洗净的地瓜，再倒入3大勺水，用中小火蒸煮。

2 待开始冒气之后，改为微火继续焖煮15分钟之后关火。盖上盖，闷上5分钟左右。

调味泡菜

　　将熟透的泡菜用调料腌渍一下，使用时非常方便。

　　应少量准备调味泡菜，并在几天内使用完。

🥄 Ready

熟泡菜 ····················· 1/4 棵
辣椒粉 ····················· 1 大勺
蒜泥 ······················· 1 小勺
白糖 ······················· 1 小勺
胡椒粉 ····················· 少量

🥄 How to Make

1 去除泡菜上的辣酱料，竖向分2~3份，再切成1cm大小。

2 将所列分量的调料放入碗中腌渍，再放入冰箱冷藏。

生玉米

生青豌豆

鸡尾酒虾

南瓜

04

实用的分装保管食材

生玉米

大量购买时令玉米，剥粒分成小份冷冻保管，便于做饭或烹制零食时使用。

生青豌豆

购买时令青豌豆，分成小份冷冻保管，便于烹制青豌豆饭、烙饼、零食时使用。

鸡尾酒虾

无需另外加工的鸡尾酒虾，烹制炒饭或格调餐的时候经常使用，因此最好在冷冻室里存放一些备用。

南瓜

南瓜去皮去瓤切块，分成小份冷冻保管。烹制浓汤、粥、沙拉时可有效利用。

年糕片　柠檬汁

培根　黄油

年糕片

　　每包装入一份的量，放入冰箱冷冻，便于烹制年糕汤、炒年糕等食物。从冷冻室里拿出来的年糕请不要立即使用，而是在常温下放置一会儿待除去冷气之后再进行烹煮。

培根

　　用保鲜膜一条一条包起来，放入冷藏室保管。

柠檬汁

　　使用榨汁机榨汁，以 1 大勺为一份放入塑料模具里冷冻。制作调味酱或调味汁时便于使用。

黄油

　　切成 1cm 大小的块状，分为 50g、100g 的分量用保鲜膜包好再冷冻。烹制面点或烹制需要黄油的料理时便于使用。

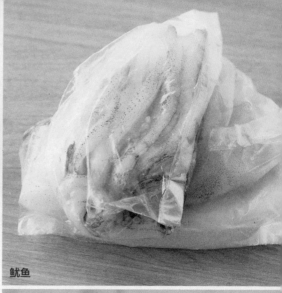

干菜叶　鱿鱼

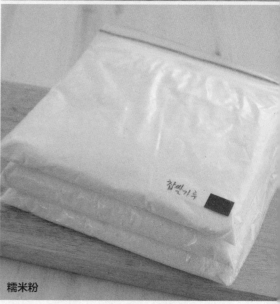

披萨奶酪　糯米粉

干菜叶

可以在市场或超市里购买水煮干菜叶。去除干菜叶的外层硬皮，带有一定水分的状态下分装冷冻保管，每份为一次食用量。

披萨奶酪

由于披萨奶酪片的保鲜期不长，放入冷藏室保管时容易腐败变质而不得不丢弃。购买之后，分装冷冻保管可以有效使用披萨奶酪，每份为一次用量。

鱿鱼

购买鲜鱿鱼处理干净后，最好将鱿鱼躯干和鱼须分开冷冻保管。鱿鱼躯干可用于炒鱿鱼等料理，鱼须则用于烹制饼类或炒饭。

糯米粉

购买超市里出售的糯米，而不是糯米粉。将糯米浸泡水中3小时以上，沥干水分之后带到水磨坊碾磨糯米粉。备上糯米粉可以迅速烹制出糖馅饼、烙饼等零食。由于粉类在放入冰箱冷冻室保管时容易吸收气味，因此需倍加用心，做好密封包装才可以。

ONE

孩子尤其喜欢吃的

日常菜肴

　　大人可以将剩菜放入冰箱，下一顿再拿出来吃，但总希望准备一两个新菜给孩子吃。这就是作为母亲的心愿。下面为大家介绍一些既容易烹制的食材，如蔬菜、鸡蛋、豆腐，又可以迅速烹饪完成的菜肴。

如果菜肴不甚满意，请试一试利用此前已经调制好的泡菜做一份泡菜饼。在我的孩子比现在更年幼的时候，担心她会觉得泡菜太辣，做泡菜饼时曾试过放入些罐装玉米。孩子长大到如今，仍然非常喜欢玉米的口感，每次都嘱咐我一定要放玉米。

烹制
10 分钟

调味泡菜
P17

🍴 Ready

🍲 2~3 人份

调味泡菜 ············ 1 杯
罐装玉米 ·········· 0.5 杯
煎饼粉 ············ 0.7 杯
水 ··················· 0.7 杯
食用油 ··············· 适量

🍴 How to Make

1 将煎饼粉与水搅拌均匀。

2 将罐装玉米放入沥水器倒上热水过一遍，再与调味泡菜一起放入做法 1。

3 将调味泡菜和罐装玉米搅拌均匀，使其很好地溶于和好的面里。

4 平底锅里放入食用油，一勺一勺地放入搅拌好的面糊，正反面都煎至焦黄即可。

一口莲藕，一口坚果

莲藕酱坚果

烹制
15 分钟 | 调味酱油
P12

Ready

🍲 2~3 人份

莲藕 ················· 1/2 个
坚果类（杏仁、山核桃
仁、核桃仁等）····· 1 杯
糖浆 ················· 2 大勺
芝麻 ················· 少许

调味酱
调味酱油 ········· 3 大勺
汤用酱油 ········· 2 小勺
水 ·················· 0.7 杯

How to Make

1 莲藕洗净，按一口大小切小块，在沸水中焯 3 分钟左右。坚果类也需在沸水中焯 20 秒左右，再用冷水涮一涮，并沥干水分。

2 水焯过的莲藕与调味酱放入汤锅，用中小火开始熬煮。

3 待调味酱分量缩至一半，放入坚果类。

4 待料汤熬煮殆尽，倒入糖浆增添菜肴的润泽度，最后撒上芝麻即可。

Tips

步骤 2 可选择牛蒡代替莲藕，用相同的方法烹饪也很棒。

将莲藕切块，与坚果一起酱烧，香脆莲藕与咸咸甜甜的入味坚果搭配，口感倍佳。

　　时不时地瞥一眼，看看孩子有没有挑食，莲藕和坚果是否吃得一样多。幸好孩子没有挑食，看着她边吃莲藕边夹坚果，心中不免升起一股自豪之情。

凉拌菠菜豆腐

如果家里剩下一些尚未食用的菠菜，焯水后用豆腐拌一拌就可以做出一盘美味的菜肴。孩子从小的时候我就对她说，"吃了菠菜就会跟大力水手一样力气棒棒。"直到现在，孩子都说菠菜是长力气的绿色蔬菜，很喜欢吃菠菜。

烹制
10 分钟

Ready

🍲 2~3 人份

菠菜	1/4 捆
豆腐	100g
香油	1 小勺
芝麻、食盐	少许

菠菜拌料

汤用酱油	1 小勺
蒜泥	1 小勺
葱末	1 小勺

How to Make

1 菠菜洗净，焯水，沥干水分，切段备用。利用蒸笼布沥干豆腐水分并捣碎备用。

2 焯水的菠菜中放入菠菜拌料拌匀。

3 在拌过的菠菜之中倒入捣碎的豆腐。

4 拌匀豆腐菠菜之后撒上香油和芝麻，根据喜好用食盐调味即可。

Tips

步骤 1 沸水中撒入少许食盐再放菠菜焯水，焯水 30~60 秒即可捞出，立即浸入冷水中涮一涮。用冷水涮过之后用双手轻轻挤压沥水。

步骤 3 可选择韭菜和茼蒿代替菠菜，用相同的方法烹饪也很棒。

卷卷的看上去更加美味

酱油炒鱿鱼

| 烹制 10 分钟 | 调味酱油 P12 |

Ready

🍴 2~3 人份

鱿鱼躯干 ·········· 400 克

什锦蔬菜（圆白菜、胡萝

卜、大葱、洋葱等）··1 杯

香油 ················ 1 大勺

食盐、芝麻 ········ 少许

食用油 ·············· 适量

调料酱

调味酱油 ·········· 1 大勺

大蒜 ················ 1 小勺

糖浆 ················ 1 小勺

辣椒粉 ·············· 1 小勺

胡椒粉 ·············· 少许

Tips

步骤 1 利用葱丝刀可
以轻松地给鱿鱼均匀
切花。

步骤 2 沸水烫过的
鱿鱼翻炒时不会产生
过多的水分。

How to Make

1 鱿鱼切花之后再切成一口大
小的鱿鱼段。剩余蔬菜也切
成鱿鱼段的大小。

2 将鱿鱼段放入沥水容器，倒
入沸水烫熟鱿鱼表面。

3 炒锅内放入食用油，先翻炒
剩余蔬菜，用食盐略作调味。

4 在锅内倒入鱿鱼翻炒。

5 使用全部调料制成调料酱，
并倒入锅内。

6 翻炒搅拌均匀，再撒上香油
和芝麻即可。

买来的鲜鱿鱼，可试着把鱿鱼须切丁放入泡菜饼或者韭菜饼内，鱿鱼躯干和家中剩余的蔬菜搭配又可成另一盘下饭菜。

土豆煎蛋饼

拥有好听名字的土豆煎蛋饼。

曾经试着做了一次土豆煎蛋饼，但由于里面的土豆丝未熟透，孩子的反应非常一般。如今已经掌握了技巧要领，煎出的土豆鸡蛋饼里面的土豆口感也相当不错。

烹制
10 分钟

Ready

🍲 **2~3 人份**

土豆	1 个
鸡蛋	2 枚
焯水菠菜	30g
火腿	1 片
食盐	0.5 小勺
香油	少许
食用油	适量
和好的面糊	适量

How to Make

1 将土豆洗净、切细丝，浸泡凉水去除淀粉，再用热水轻轻焯一下备用；将火腿切细丝备用。

2 在大碗内打入鸡蛋，撒少许食盐，再放入准备好的土豆丝、火腿丝、切碎的焯水菠菜，加入少许香油拌匀。

3 在加热的平底锅内倒入食用油，倒上和好的面糊，用中小火煎烤至饼外圈轻熟。

4 翻面之后盖上锅盖，改为微火煎至熟透为止。

Tips

步骤 1 如果提前用热水焯一下土豆，无需花费长时间来煎烤，土豆也可以迅速熟透。

步骤 2 焯水菠菜如果放入少许食盐和香油拌一下，味道会更好。

步骤 3 相比于扁平形状的平底锅，圆形平底锅更适合煎出厚实的饼。

这么可爱，忍不住吃一口

小炒迷你杏鲍菇

| 烹制 10 分钟 | 调味酱油 P12 |

Ready

🍲 2~3 人份

焯水迷你杏鲍菇 ····· 1 杯
什锦蔬菜（洋葱、彩椒
等）················· 少许
香油 ··············· 1 小勺
胡椒粉、芝麻 ······· 少许
食用油 ············· 适量

杏鲍菇调料
蒜泥 ············· 0.5 小勺
食盐 ··············· 少许

调味酱
调味酱油 ·········· 1 大勺
汤用酱油 ········ 0.5 小勺

How to Make

1 焯过水的迷你杏鲍菇放入沥水容器沥干水分之后，再放入杏鲍菇调料简单腌渍备用；剩余蔬菜洗净、切丝备用。

2 炒锅内放入食用油，放入杏鲍菇与蔬菜翻炒，直至洋葱的外表层变透明。

3 续于锅内倒入上列的调味酱材料。

4 翻炒直至材料入味。

5 撒上香油、芝麻、胡椒粉即可。

小小的迷你杏鲍菇，可爱异常的菜肴。

原料的低廉，烹饪时间的迅速，无论何时做给孩子吃，她都吃得这么香。难道还有比这更好的菜肴吗？

香菇的新颖吃法

咖喱香菇饼

烹制 10 分钟 | 调味酱油 P12

为了不喜欢香菇气味的孩子特制的咖喱香菇饼，尝试用孩子喜欢的咖喱粉做烙饼。除了香菇之外无需其他食材，可以迅速做好。

Ready

🍲 2~3 人份

新鲜香菇	5 朵
咖喱粉	1 大勺
面粉	1 大勺
鸡蛋	1 个
食用油	适量

How to Make

1 新鲜香菇洗净、切成厚片，裹上一层咖喱粉与面粉的混合粉之后，再裹上一层鸡蛋液。

2 平底锅内倒入食用油，放上香菇，双面煎熟直至颜色金黄。

Tips

步骤 1 在塑料袋里倒入香菇片和上述粉类材料，晃一晃即可轻松地给香菇裹上混合粉。

⏰ 烹制 10 分钟	🍚 调味酱油 P12

简便的肉饼

牛肉糯米饼

可使用冰箱里冷冻的牛里脊，裹上糯米粉做煎饼。当本人还是新手妈妈的时候，总会把冷冻肉烤焦，做的次数多了渐渐开始掌握了要领，配上凉拌生菜更加清爽美味。

🥄 Ready

🍲 2~3 人份

牛里脊	200g
糯米粉	3 大勺
食用油	适量

调料酱

调味酱油	1 大勺
料酒	1 大勺
食盐、胡椒粉	少许

🥄 How to Make

1 牛里脊切成一口大小，倒入调料酱拌匀腌渍。然后前后均匀地裹上一层糯米粉。

2 平底锅倒入食用油，放上牛肉，双面煎至金黄。

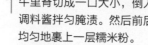

Tips

步骤 1 轻微冷冻的状态下，更易切肉。牛肉上已有一层调料酱，因此很容易裹上糯米粉。

拌生菜 洗净 2~3 片生菜，切成一口大小。再用调味酱油 1 小勺、辣椒粉 0.5 小勺、香油 1 小勺拌匀，与牛肉糯米饼搭配食用更美味。

什么时候吃都这么美味

蔬菜鸡蛋卷

每次烹制鸡蛋卷的时候，孩子都会卷起袖子主动提出要帮忙。经常有人问我如何才能做出形状漂亮的鸡蛋卷，非要说出要领的话，应该说是将鸡蛋液分多次倒入，薄薄地多卷上几层。如果有吃剩下的蔬菜，剁碎放入鸡蛋液里拌匀，味道也非常不错。请大家记住这一点。

烹制
10 分钟

🥄 Ready

🍲 2~3 人份

鸡蛋·······················3 个
剩余蔬菜（胡萝卜、西
蓝花、洋葱）········少许
水·······················2 小勺
食盐·····················0.3 小勺
黑芝麻·················少许
食用油·················适量

🥄 How to Make

1 鸡蛋液里放入少许水和食盐，搅拌均匀；剩余蔬菜洗净、剁碎备用。

2 将鸡蛋液倒入蔬菜细末，撒上黑芝麻。

3 平底锅里放入食用油，先倒入一半左右的鸡蛋液，待背面熟透之前从一端开始卷起。一边卷一边拉拽另一端的鸡蛋，并在腾出来的地方继续倒入剩余的鸡蛋液。

4 一直卷至最后，用锅铲翻面，轻轻地按压重复多次翻面，直至鸡蛋卷内层熟透。熟透之后切成合适的大小即可。

Tips

步骤 1 放入少许水烹制的鸡蛋卷更加丝滑细软。如果放入的蔬菜末过量，则无法卷出漂亮的模样。

最美味的下饭菜

酱猪颈肉

烹制 10 分钟 | 调味酱油 P12

🍴 Ready

🍲 2~3 人份

猪颈肉 ················ 200g
大蒜 ·················· 3 瓣
葱丝 ·················· 1 杯
食盐 ·················· 少许
胡椒粉、芝麻 ······ 少许
食用油 ·············· 适量

酱料

调味酱油 ············ 2 大勺
糖浆 ·················· 1 大勺
料酒 ·················· 1 大勺

水淀粉

淀粉 ·················· 1 小勺
水 ···················· 1 大勺

🍴 How to Make

1 猪颈肉切成一口大小，用食盐和胡椒粉腌渍一下；大蒜切片备用；用淀粉和水提前调制水淀粉。

2 炒锅内倒入食用油，放入猪颈肉和大蒜片翻炒至猪颈肉表面变成浅褐色。

3 将调制的酱料倒入锅中，煮至冒泡。

4 将水淀粉放入锅中，变稠之后撒上芝麻关火。碟子上铺开葱丝，再把猪颈肉装盘。

Tips

步骤 4 水淀粉应沿着炒锅边沿转着圈倒入，并尽快翻炒才可以防止结块。

烤一块猪颈肉，用甜甜咸咸的酱油拌成下饭菜。不知从哪一天起，比起肉味，孩子更喜欢吃酱腌蒜片和葱丝。不用催促，孩子自然地学会吃有益身体的食材。看到孩子的这种样子，心中不禁升起一股谢意。

虽然是大蒜，但是没关系

蒜炒鳀鱼

用大量大蒜代替坚果烹制的炒鳀鱼，曾担心孩子不喜欢，没想到孩子吃得很香，很是新奇。因为放入了大量的大蒜，因此也不必担心鳀鱼的腥味。这是一道在新鲜大蒜应季时节里经常做来吃的菜肴。

烹制 10 分钟 | 调味酱油 P12

Ready

🍲 2~3 人份

鳀鱼	1 杯
大蒜	0.7 杯
糖浆	1 大勺
芝麻	少许
食用油	适量

酱料

调味酱油	1 大勺
料酒	1 大勺
白糖	2 小勺

How to Make

1 大蒜切片备用。

2 为了去除腥味，鳀鱼倒入干锅内翻炒直至啪啪作响，盛到筛子中，放一旁晾凉，再筛掉残粉。

3 炒锅内倒入食用油，油量足以浸泡大蒜即可。将大蒜炸至金黄。

4 将锅里的油倒出，再放入酱料略微煮一下，再放入鳀鱼搅拌均匀。

5 晾凉之后放入糖浆和芝麻加以完成。

孩子尤其喜欢吃的日常菜肴 41

酥脆香辣、酸酸甜甜

红烧豆腐

| 烹制 | 调味酱油 |
| 15 分钟 | P12 |

🍴 Ready

🍲 2~3 人份

豆腐 ················· 100g
淀粉 ················· 2 大勺
芝麻 ················· 少许
食用油 ·············· 适量

酱料

调味酱油 ·········· 1 大勺
辣椒酱 ·············· 1 小勺
番茄酱 ·············· 1 小勺
糖浆 ················· 1 大勺

🍴 How to Make

1 豆腐切成一口大小。塑料袋中放入淀粉和豆腐摇匀，使淀粉均匀地裹在豆腐上。

2 炒锅内倒入食用油，将豆腐煎至各面金黄。

3 将锅内的豆腐装盘，利用厨房纸轻轻擦拭锅内的油，再倒入酱料煮至冒泡。

4 热锅内倒入煎豆腐，均匀搅拌使豆腐裹上酱料之后关火，最后撒上芝麻即可。

Tips

步骤 **2** 建议使用硬豆腐，因其不易碎会更好一些。

外层香脆、里层丝滑，带有果酱风味的红烧豆腐，由于加入了辣椒酱和番茄酱，特别适合孩子的口味。这是一道利用家中常备的食材烹制的风味菜肴。

没有汤汁，油光闪亮

收汁酱牛肉

去餐厅用餐的时候，发现孩子对撕成一条一条的酱牛肉爱不释手，回到家里试着照样做了一次，没想到味道出乎意料的好吃。与汤汁较多的普通酱牛肉不同，这种油光闪亮的收汁酱牛肉可以在前一天刷碗的同时微火炖煮，第二天再酱烧，请各位试一试。

烹制 15 分钟
炖肉 40 分钟 | 调味酱油 P12

🍴 Ready

🍲 2~3 人份

牛臀尖肉 ············· 400g
糖浆 ···················· 1 大勺
食用油 ················· 适量

炖肉汤底

水 ······················ 3 杯
清酒 ···················· 1 大勺
生姜 ···················· 1 块
胡椒粒 ················· 5~7 粒
大葱 ···················· 1/5 棵

酱料

炖肉汤 ················· 0.5 杯
调味酱油 ············· 4 大勺
汤用酱油 ············· 1 小勺

🍴 How to Make

1 牛臀尖肉去除血水之后，放入炖肉汤底用中小火炖煮30~40 分钟。用上述所列调料调制酱料。

2 将炖牛肉按纹理撕成细条。

3 将牛肉条和酱料倒入炒锅内翻炒直至水分蒸干。

4 汤汁收得差不多时放入糖浆增添光泽即可。

便当里的常客

鹌鹑蛋培根卷

烹制
15 分钟 | 调味酱油
P12 页

Ready

🍴 2~3 人份

鹌鹑蛋 ············· 10 个
培根 ················· 5 片
欧芹粉、芝麻 ······· 少许

调料酱

调味酱油 ········· 1 大勺
辣椒酱 ··········· 1 小勺
番茄酱 ··········· 1 大勺
糖浆 ············· 1 大勺

How to Make

1 煮鹌鹑蛋去皮；培根对半切；调料酱按上列分量调料拌匀，放入微波炉煎 10~20 秒。

2 培根双面煎至金黄。

3 用培根将鹌鹑蛋卷起来，再用牙签固定。

4 在鹌鹑蛋培根卷上抹上一层做法 1 中做好的调料酱，再撒上欧芹粉和芝麻即可。

Tips

步骤 1 像这种少量的调料酱，利用微波炉加热比用炒锅更方便。

作为学生家长，我发现孩子的小伙伴的便当里装有培根卷鹌鹑蛋，心中不免好奇这种组合味道会如何，尝了一口之后我也会经常做给孩子吃，抹上一层孩子们喜欢的酸甜调料酱会更加美味。

荏子油烹制的美食

苏子叶饼

　　小时候，母亲经常做苏子叶饼给我吃，现在母亲也会做苏子叶饼给将近 80 岁的外公当零食。我女儿也非常喜欢吃姥姥做的苏子叶饼，所以我也会偶尔给孩子做来当零食。

🥄 Ready

🍲 2~3 人份

苏子叶	20~30 片
荞麦粉	0.5 杯
水	0.5 杯
荏子油	少许
食用油	适量
食盐	少许

🥄 How to Make

1 荞麦粉与水同比搅拌，加入少许食盐调味；苏子叶洗净，对折之后浸入面糊裹一下。

2 平底锅内倒入食用油，再倒入少许荏子油，将苏子叶双面煎至金黄即可。

Tips

步骤 1 虽然苏子叶也可以不对折就浸入面糊里，但对折之后煎起来更方便。

柔嫩易撕

猪肉酱鹌鹑蛋

猪里脊比牛里脊价格低廉，炖煮之后易撕且口感细嫩，很适合给孩子吃。淡淡地腌渍放在冰箱里，几天之内不用为小菜发愁了。

🥄 Ready

🍲 2~3 人份

猪里脊	250g
鹌鹑蛋	20 个
尖椒	3~5 个

酱料

炖肉汤	1 杯
风味酱油	3 大勺
汤用酱油	1 大勺

炖肉汤底

水	2 杯
姜片	3 片
胡椒粒	0.3 小勺
大葱	1/2 棵
清酒	1 大勺

🥄 How to Make

1 在炖肉汤底中放入猪里脊炖煮。炖好之后按纹理撕开；煮熟鹌鹑蛋，剥皮备用；尖椒洗净，切成一口大小备用。

2 锅内放入鹌鹑蛋和猪里脊，以及上列分量的酱料。煮至鹌鹑蛋表皮呈现酱油色之后，放入尖椒再煮一次即可。

Tips

步骤1 猪肉用凉水去除血水，放入姜片、胡椒粒、大葱叶、清酒，小火炖煮 20~30 分钟。

步骤2 将炖肉汤用蒸笼布过滤一下再使用，酱肉汤汁就会清澈。

鱼饼炒杂菜

炒杂菜虽然是孩子们喜欢吃的菜肴之一，但因为花费工夫、用时长而不会经常烹饪，所以，我们可以使用鱼饼代替水煮时间较长的粉丝，试试和剩余蔬菜炒一下，绝对可以做一盘毫不逊于传统炒杂菜的鱼饼炒杂菜。这个菜肴的好处在于可以让孩子同时吃胡萝卜、菠菜、洋葱。

烹制
15分钟

调味酱油
P12

Ready

🍲 2~3 人份

鱼饼	3 片
焯水蔬菜（菠菜、胡萝卜丝、平菇）	1 杯
洋葱	1/2 个
调味酱油	1 大勺
香油	1 大勺
芝麻	少许
食用油	适量

焯水蔬菜调料

香油	1 小勺
食盐	少许

How to Make

1 鱼饼切细丝，放在筛子上，倒入热水，再沥干水分；洋葱切丝备用。将焯水蔬菜放入香油、食盐等调料拌匀。

2 炒锅加热放入食用油，待油温变热，放入鱼饼，翻炒直至鱼饼表面略微变黄。

3 在锅内放入洋葱丝翻炒几下，再放入焯水蔬菜与调味酱油，接着翻炒。

4 撒上香油和芝麻即可。

Tips

步骤 1 焯蔬菜具体步骤为沸水中放入菠菜和平菇，稍后放入胡萝卜丝，5 秒之后捞出过凉水，用手挤干水分。放入香油和食盐拌一拌。

步骤 2 鱼饼翻炒至表面金黄口感更佳。

细致绞碎之后烹制成一口一个的大小

莲藕煎饼

烹制
15 分钟

🍴 Ready

🍲 2~3 人份

莲藕	1/3 个
鱿鱼须	200 克
什锦蔬菜（平菇、彩椒、香葱）	1 杯
煎饼粉	2 大勺
鸡蛋	1 个
食盐	0.3 小勺
胡椒粉	少许
食用油	适量

🍴 How to Make

1 莲藕、鱿鱼须、蔬菜分别洗净，切成适当大小，以便放入食品加工机中。

2 将切好的莲藕、鱿鱼须、蔬菜放入食品加工机绞碎。

3 将绞碎的蔬菜装入大碗，放入煎饼粉和鸡蛋。

4 用食盐和胡椒粉调味，均匀搅拌面糊。

5 平底锅中倒入食用油，舀上4 勺面糊，每勺为一口大小，双面煎熟直至金黄即可。

有食品加工机就可以轻松准备煎饼面糊。
仅凭剩余的鱿鱼须、彩椒等材料就可以做出
一盘精美菜肴。

咸咸甜甜

果酱牛蒡

孩子小的时候看到菜篮子里的牛蒡双眼便会睁得圆圆的，问她怎么了，她居然说看到长长的牛蒡还以为妈妈从市场里买来树枝要打她。虽然牛蒡长相有点恐怖，但可以用来制作美味的果酱牛蒡。

烹制 15 分钟 | 调味酱油 P12

🍴 Ready

🍲 2~3 人份

牛蒡 ·················	1 根
食盐 ·················	少许
香油 ·················	少许
食用油 ··············	适量

糯米面糊

糯米粉 ··············	4 大勺
水 ·················	2 大勺
食盐 ·················	少许

酱料

调味酱油 ···········	2 小勺
糖浆 ················	1 大勺

🍴 How to Make

1 将牛蒡洗净、切长片，用沸水焯一下，捞出沥干水分，再用食盐和香油腌渍；糯米面糊按照材料调制备用。

2 将牛蒡裹上糯米面糊。

3 在平底锅中倒入食用油，放上牛蒡，煎熟直至双面金黄，放置锅的一边备用。

4 调制酱料之后，倒入锅内烧至冒起小泡之后，与放在一边的牛蒡拌匀收汁即可。

步骤 2 使用糯米面糊裹衣，即使不用太多的油也可以煎出香脆口感。就这么吃也非常棒。

西红柿煎蛋卷

烹制
15 分钟

🍴 Ready

🍲 2~3 人份

西红柿 ·················	1 个
平菇 ·················	5~6 朵
洋葱 ·················	1/5 个
鸡蛋 ·················	2 个
牛奶 ·················	1 大勺
意大利面酱料 ·····	2 大勺
食盐、胡椒粉 ·······	少许
食用油 ·················	适量

🍴 How to Make

1 西红柿、平菇、洋葱洗净，切成 1cm 大小的丁。

2 大碗内打入鸡蛋，放入牛奶和适量食盐搅拌均匀，摊成鸡蛋饼备用。

3 平底锅倒入食用油，将西红柿、平菇、洋葱入锅翻炒。翻炒时放入少许食盐和胡椒粉调味。翻炒到洋葱的表面开始变得透明即可。

4 在锅内放入意大利面酱料，拌匀直至表面水润。

5 在摊鸡蛋上面倒入炒好的蔬菜。

6 将摊鸡蛋折边做出四方形之后，倒过来装盘即可。

Tips

步骤 2 放入牛奶的摊鸡蛋口感更加嫩滑。

考虑该如何处理已经发软的西红柿时，试着放进摊鸡蛋里，你会做出意外美味的西红柿鸡蛋卷。1个西红柿、2个鸡蛋、少许平菇就可以迅速做好。

西葫芦煎肉饼

买了西葫芦，如果切开之后发现中间都是西葫芦籽，考虑要不要丢掉的时候，试着掏出西葫芦籽，掏空的地方放入肉饼糊煎一下，奢华的西葫芦肉饼就此诞生。孩子看到之后双眼睁得大大的，说肉饼藏进西葫芦里，还给它起名叫西葫芦煎肉饼。

烹制 15 分钟 | 调味烤肉 P16

🍴 Ready

🍲 2~3 人份

西葫芦	1/2 个
面粉	3 大勺
鸡蛋	1 个
食用油	适量

肉饼糊

调味烤肉	100g
捣碎豆腐	50g
洋葱碎末	2 大勺
胡萝卜碎末	1 大勺
蒜泥	0.5 小勺
食盐	0.3 小勺
香油	1 小勺
胡椒粉	少许

🍴 How to Make

1 西葫芦切圈，利用塑料瓶盖掏出西葫芦中间的部分。

2 将所有肉饼糊材料放入大碗里拌匀。

3 在西葫芦掏空的地方塞进肉饼糊。

4 将西葫芦肉饼正反面裹上面粉，再打鸡蛋裹上鸡蛋液。

5 在平底锅中倒入食用油，把西葫芦肉饼放进去双面煎熟至金黄即可。

细嫩丝滑的口感

凉拌绿豆凉粉

Ready

🍲 2~3 人份

绿豆凉粉	200 克
调味紫菜丝	0.5 杯
调味烤肉	50g
食盐	少许
芝麻	少许
食用油	适量

腌黄瓜

黄瓜	1/4 根
食盐	0.3 小勺

腌渍绿豆凉粉调料

香油	1 小勺
食盐	少许

How to Make

1 将绿豆凉粉切成适当粗细的条状，用热水焯一下使其变得透明，沥干水分备用；黄瓜切细丝加入食盐腌渍 10 分钟左右之后，挤干水分。

2 在绿豆凉粉内加入腌渍绿豆凉粉调料腌渍一下。

3 把烧热的炒锅内倒入食用油，将调味烤肉翻炒至牛肉呈现褐色，再把腌黄瓜放入翻炒几下。

4 在绿豆凉粉内放上炒好的牛肉黄瓜加入紫菜丝，再用食盐调味，最后撒上芝麻即可。

这是一道孩子非常喜爱吃的凉拌绿豆凉粉，孩子说
就算用紫菜丝凉拌也非常好吃。这次除了用紫菜丝之外，
还考虑到营养成分，添加了调味烤肉和口感清爽的黄瓜。

用勺子大口大口吃也可以

咖喱红烧鹌鹑蛋

只要家里做水煮鹌鹑蛋时，无论大人小孩都会坐在一起剥鹌鹑蛋皮。妈妈和孩子一起积累回忆。用咖喱代替酱油，孩子连同黏稠的汤汁也一并舀着吃，吃得有滋有味。

Ready

🍴 2~3 人份

鹌鹑蛋	20 个
咖喱粉	2 大勺
水	0.7 杯

How to Make

1 鹌鹑蛋水煮去皮备用；咖喱粉用上列分量的水冲开。

2 厚底锅内放入鹌鹑蛋和咖喱水。

3 用中小火炖煮，直至咖喱水烧开，再炖 1~2 分钟即可。

TWO

孩子也喜欢的
煮汤炖汤

有空的时候只要提前做好鳀鱼高汤放进冰箱里，就可以迅速做好各类菜式的煮汤和炖汤，所用时间比烹饪大多数菜肴都少。有了汤，孩子吃饭也更香。

金枪鱼泡菜汤

泡菜汤里放入的材料中，最常见的是豆腐和罐装金枪鱼。泡菜汤的味道哪怕有一点点改变，孩子也会立即发现。"如果泡菜再煮烂一些就好了"，不知不觉间孩子已经长大，放哪种泡菜会更美味都已经知道了。

烹制 15分钟 | 鳀鱼高汤 P11

Ready

2~3 人份

罐装金枪鱼	100g
泡菜	1/5 棵
洋葱	1/4 个
大葱	1/5 棵
豆腐	50g
鳀鱼高汤	2 杯
泡菜汁	3 大勺
蒜泥	1 大勺
汤用酱油	1 小勺
食盐	少许
食用油	适量

How to Make

1 去除泡菜调料，切成一口大小。金枪鱼放入筛子上沥干油，洋葱切丝，大葱切葱花备用，豆腐也切成一口大小。

2 汤锅内放入少许食用油，以防泡菜粘锅。将泡菜和洋葱放进去翻炒至洋葱的表面变透明。

3 在锅内倒入鳀鱼高汤和泡菜汁。

4 待锅煮开后，放入豆腐、金枪鱼、泡菜、蒜泥，用微火继续焖煮 5~7 分钟。

Tips

5 在锅内放入汤用酱油。如果感觉淡，可用食盐调味，撒上葱花即可。

步骤 3 泡菜汁里已经含有各种调料，因此，泡菜汁本身就已经是美味可口的调料了。

浓浓的一品汤味

土豆辣酱汤

| 烹制 15分钟 | 鳀鱼高汤 P11 |

鳀鱼高汤 P11

Ready

🍲 2~3 人份

牛胸肉 ················ 100g
土豆 ················· 1 个
西葫芦 ·············· 1/4 个
洋葱 ················ 1/2 个
大葱 ················ 1/5 棵
鳀鱼高汤 ············ 3 杯
大酱 ··············· 0.5 大勺
辣椒酱 ·············· 1 大勺
汤用酱油 ············· 少许
辣椒粉 ·············· 少许
食盐 ················ 少许
食用油 ·············· 适量

腌渍牛胸肉调料

蒜泥 ··············· 1 小勺
食盐、胡椒粉 ········· 少许

How to Make

1 牛胸肉里放入腌渍牛胸肉调料备用，土豆、西葫芦、洋葱洗净、切块，大葱切圈。

2 锅中入食用油，翻炒牛胸肉直至肉质变褐色时，倒入鳀鱼高汤。

3 在锅内放入土豆、西葫芦、洋葱。

4 待煮开之后放入大酱、辣椒酱、辣椒粉，捞出煮汤时产生的泡沫。

5 用中小火煮至土豆熟透，放入大葱。如果觉得淡，可以用汤用酱油或食盐调味。

因为丈夫和自己喜欢汤品，所以汤品经常会端上餐桌，女儿也爱喝。还记得孩子尚不知辣酱汤这个名称的时候，让我给她做在奶奶家喝过的汤里面有肉、有西葫芦的红色汤。

因为是韭菜，所以没关系

韭菜鸡蛋汤

儿童食用的汤品最常见的自然是鸡蛋汤。我女儿不喜欢汤里放葱，所以改放韭菜试了试。与土豆鸡蛋汤不同口味的另一种鸡蛋羹感觉的汤品就此完成。

| 烹制 10分钟 | 鲲鱼高汤 P11 |

🥄 Ready

🍲 2~3 人份

鸡蛋 ······················ 2 个
韭菜末 ··············· 3 大勺
鲲鱼高汤 ··············· 1 杯
汤用酱油 ·········· 1 小勺
香油 ·················· 1 小勺
食盐、胡椒粉 ······· 少许

🥄 How to Make

1 鸡蛋液内放入适量食盐搅拌均匀。

2 在碗内加入韭菜末拌匀。

3 汤锅内放入鲲鱼高汤待煮沸之后把韭菜鸡蛋液慢慢地从上方倒入。

4 鸡蛋煮熟之后用汤用酱油和食盐调味，最后撒上香油和胡椒粉即可。

既软绵绵又柔滑

土豆鸡蛋汤

烹制
15 分钟 | 鳀鱼高汤
P11

Ready

🍲 2~3 人份

土豆 ·················	1 个
鸡蛋 ·················	1 个
水 ···················	1 大勺
鳀鱼高汤 ··········	2.5 杯
汤用酱油 ··········	1 小勺
香葱 ·················	1 棵
食盐 ·················	少许

How to Make

1 土豆去皮洗净,切成半月形状;鸡蛋液放入 1 大勺水和少许食盐搅拌均匀;香葱切葱花备用。

2 在鳀鱼高汤内放入土豆炖煮。

3 待土豆煮熟,汤水开始煮沸时,鸡蛋液从上方位置一点点倒入锅内。

4 煮开之后放入汤用酱油,可用食盐调味,最后撒上香葱即可。

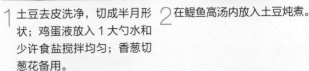

Tips

步骤 4 煮清汤的时候如果只用汤用酱油调味,汤汁颜色会变浊,因此最好与食盐一起使用。

煮汤太烦？只要有浓浓的鳀鱼高汤就不用担心了。土豆切块、洒入鸡蛋液就可以煮出土豆鸡蛋汤。实在是繁忙的清晨尤为方便的汤品。

青睐的美味是肉汤

牛肉裙带汤

烹制
25分钟

鳀鱼高汤
P11

Ready

🍲 2~3人份

牛腩肉 ·················· 200g
裙带菜（水发）····· 1 杯
鳀鱼高汤 ·············· 5 杯
汤用酱油 ·············· 1 小勺
香油 ····················· 1 小勺
食盐 ····················· 少许

腌渍裙带菜调料
汤用酱油 ·············· 1 小勺

腌渍牛腩肉调料
汤用酱油 ·············· 1 小勺
蒜泥 ····················· 0.5 小勺

How to Make

1 将裙带菜在凉水中泡 10 分钟左右，挤干水分之后用汤用酱油腌渍一下；牛腩肉切成一口大小，浸泡水中大约 10 分钟，去除血水之后，用汤用酱油和蒜泥腌渍一下。

2 汤锅内倒入香油，放入牛腩肉翻炒至肉色变成褐色。推至一边，将裙带菜放进去翻炒。

3 在锅内倒入鳀鱼高汤，用中火炖煮。

4 汤水开始煮沸之后，改为中小火继续炖 10 分钟左右，用汤用酱油和食盐调味。将煮汤的过程中出现的泡沫捞出即可。

Tips

步骤1 牛楠肉去除血水之后再使用，汤汁不会变浊。

我的丈夫喜欢明太鱼裙带汤，而女儿却喜欢肉类裙带汤。有一次我过生日，女儿为了不喜欢吃肉的妈妈，专门在网上搜索"不放肉的裙带汤"亲手煮汤，给了我一份惊喜礼物。对我而言，那个裙带汤是最棒的。

豆腐香喷喷

南瓜豆腐汤

南瓜豆腐汤是用香喷喷的嫩豆腐和甜甜的嫩南瓜搭配出来的清淡汤品。不过好像因为味道过于清淡，女儿不怎么爱喝。所以用葱、蒜和鳀鱼高汤做了些调味。

烹制 15分钟 | 鳀鱼高汤 P11

⎥ Ready

🍲 2~3 人份

嫩南瓜 ·················	250g
豆腐 ·····················	50g
鳀鱼高汤 ·············	3 杯
汤用酱油 ·············	1 小勺
蒜泥 ·····················	1 小勺
荏子油 ·················	2 小勺
汤用酱油 ·············	少许
食盐 ·····················	少许

腌渍嫩南瓜调料

食盐 ·····················	0.3 小勺

⎥ How to Make

1 豆腐沥干水分捣碎；嫩南瓜切细丝；撒上食盐腌渍 5 分钟之后沥干水分。

2 汤锅倒入荏子油，翻炒蒜泥和嫩南瓜。

3 在锅里倒入鳀鱼高汤。

4 待汤水煮开之后，放入蒜泥和捣碎的豆腐，再煮一会儿，最后用食盐和汤用酱油调味即可。

Tips

步骤 1 腌渍嫩南瓜的时候，装进塑料袋后抽出空气更加入味。

轻松熬制的汤

鱼饼萝卜汤

🕐 烹制 15 分钟 | 🍚 调味酱油 P12

🍴 Ready

🍲 2~3 人份

扁平鱼饼	3 片
萝卜	200g
鳀鱼高汤	4 杯
蒜泥	1 小勺
大葱	少许
汤用酱油	1 小勺
食盐、胡椒粉	少许

🍴 How to Make

1 鱼饼切成一口大小，放在筛子上倒入热水焯一下，沥干水分备用；萝卜切片；大葱切圈。

2 在鳀鱼高汤里放入萝卜片开始炖煮。

3 萝卜片煮熟之后，把鱼饼和蒜泥放进去。

4 在汤锅再次煮开时，放入大葱，再用汤用酱油和食盐调味，最后撒上胡椒粉即可。

Tips

步骤 1 由于萝卜片太厚会导致延长煮汤时间，请切成 0.3~0.5cm 厚度的薄片。

经常买一袋鱼饼给孩子做她喜爱吃的炒鱼饼，第二天早晨我就会给她做鱼饼萝卜汤。本应该先给丈夫盛汤，但我总会先给孩子盛一碗，再放入辣椒碎末多煮一会儿之后盛汤端给丈夫。

筋道的年糕馅儿

油豆腐肉汤

油豆腐肉汤无论何时都是一款受欢迎的汤品。记得孩子第一次吃的时候，毫无顾忌地一口咬下去，被里面的年糕烫得不轻。此后，女儿每次都会把油豆腐放在小碟子上晾凉再吃。

烹制	鳗鱼高汤 P11
20 分钟	调味烤肉 P16

Ready

🍴 2~3 人份

四方油豆腐	15 片
年糕	150g
豆腐	50g
焯水韭菜	20 棵
鳗鱼高汤	3 杯
汤用酱油	1 小勺
食盐、胡椒粉	少许

牛肉馅材料

调味烤肉	100g
洋葱碎末	1 大勺
蒜泥	1 小勺
韭菜末	2 大勺
香油	0.5 小勺
芝麻、食盐	少许

How to Make

1 用蒸笼布沥干豆腐的水分。

2 将牛肉馅材料放入碗内拌匀，再放入捣碎的豆腐搅拌均匀。

3 在四方油豆腐内放入牛肉馅，填满 1/3 即可。年糕切成一口大小，再放进油豆腐内。

4 使用焯水韭菜给油豆腐绑上封口。

5 汤锅内倒入鳗鱼高汤和油豆腐开始炖煮，再用汤用酱油和食盐调味，最后撒上胡椒粉即可。

Tips

步骤 3 冷冻油豆腐应焯水或倒上热水沥油，再开一个口以便放入馅儿。

孩子也喜欢的煮汤炖汤 79

可同时烹制两种料理

黄豆芽汤

烹制
15 分钟 | 调味酱油
P12

Ready

🍲 2~3 人份

黄豆芽	400g
鳀鱼高汤	5 杯
红椒	1/2 个
大葱	1/5 棵
蒜泥	1 小勺
汤用酱油	0.5 小勺
食盐	少许

黄豆芽拌料

蒜泥	0.5 小勺
葱末	1 小勺
食盐	0.3 小勺
香油	2 小勺
辣椒粉	少许
芝麻、食盐	少许

How to Make

1 汤锅内倒入鳀鱼高汤和洗净的黄豆芽，盖上锅盖开始煮。

2 红椒、大葱洗净，切圈备用。

3 待黄豆芽煮熟之后，捞出2/3 做凉拌菜。

4 在汤锅内放入蒜泥、红椒、大葱再煮一会儿，用汤用酱油、食盐调味即可。

5 用捞出来的黄豆芽和黄豆芽拌料均匀地拌一拌即可。

清澈的黄豆芽汤非
常爽口宜人。为了煮出
鲜香爽口的味道，把一
袋黄豆芽全都倒进锅
里。虽然很爽口，但黄
豆芽太多了。捞出一些
凉拌，就可以多做一盘
菜肴。

爽口的汤味儿

蛤仔菠菜汤

蛤仔菠菜汤是大酱清汤里加入蛤仔和焯水菠菜的爽口汤品。不用担心因为没放葱蒜，汤味会淡而无味。品尝过这款汤品，孩子们自然就会理解为什么大人们喝热汤的时候会说真爽。

烹制
15分钟

鳗鱼高汤
P11

🍴 Ready

🍲 2~3 人份

蛤蜊肉 ·················	100g
焯水菠菜 ·············	0.7 杯
鳗鱼高汤 ·············	4 杯
大酱 ····················	1 大勺
汤用酱油 ·············	1 小勺

🍴 How to Make

1 将焯水菠菜切成合适的大小，蛤蜊肉放在筛子上边摇晃边清洗。

2 汤锅里倒入鳗鱼高汤，煮沸之后放大酱冲开。

3 待汤水煮开之后放入菠菜和蛤蜊肉。

4 捞出煮汤时产生的泡沫，最后用汤用酱油调味即可。

Tips

步骤 1 蛤蜊肉有可能带壳，请一定仔细地涮洗。

柔柔嫩嫩易于拌饭吃

海鲜蒸蛋

烹制 20 分钟 | 鳗鱼高汤 P11

Ready

🍲 2~3 人份

鸡蛋 ····················· 2 个
牛奶 ····················· 4 大勺
鳗鱼高汤 ··········· 1.3 杯
海鲜（鸡尾酒虾、鱿鱼
等）················· 0.7 杯
料酒 ····················· 1 小勺
蒜泥 ····················· 1 小勺
香油 ····················· 少许
汤用酱油 ·········0.5 小勺
食盐、胡椒粉 ······· 少许

水淀粉

淀粉 ····················· 2 小勺
水 ······················· 2 大勺

How to Make

1 大碗内打 2 个鸡蛋，放入 4 大勺牛奶、4 大勺鳗鱼高汤、食盐 0.5 小勺、香油 0.5 小勺搅拌均匀。

2 蒸笼内倒入水，待水煮沸之后将装有鸡蛋液的碗裹上保鲜膜放进蒸笼内盖上锅盖，用中小火蒸 15 分钟。

3 煮蛋羹的期间，在炒锅内放入少许香油，放进蒜泥和海鲜翻炒，再用料酒、食盐、胡椒粉调味。

4 锅内倒入鳗鱼高汤、少许酱油和食盐调味。待煮沸之后将水淀粉倒进去拌匀勾芡。

5 在蒸好的蛋羹上倒入海鲜鳗鱼汤即可。

加入牛奶和鳗鱼高汤蒸出蛋羹之后，再倒上用鱿鱼
和虾仁翻炒而成的汤汁，就可以同时享用柔滑的蛋羹和
海鲜，一款独特的汤就此诞生。

既是汤又是下饭菜

蘑菇烤肉砂锅

金针菇、杏鲍菇这种餐桌上常见的食材，总能够在冰箱里找到。将这些食材与腌渍过的调味烤肉翻炒一下放进砂锅里，就变成一锅既是汤又是下饭菜的蘑菇烤肉砂锅。有了烤肉的汤汁，蘑菇更加美味。

烹制 15 分钟

鳗鱼高汤 P11
调味烤肉 P16

🍴 Ready

🍲 2~3 人份

调味烤肉	100g
迷你杏鲍菇	1 杯
金针菇	1/4 把
香葱	1 棵
洋葱、胡萝卜	少许
鳗鱼高汤	1.5 杯
蒜泥	1 小勺
汤用酱油	1 小勺
香油	少许
食盐	少许

🍴 How to Make

1 迷你杏鲍菇洗净切片；洋葱、胡萝卜切丝；香葱切成 2~3cm 大小；金针菇切掉底部，分成 2~3 等份。

2 找一个底厚的汤锅或砂锅放少许香油，翻炒调味烤肉直至肉色变成褐色，再放进迷你杏鲍菇和洋葱、胡萝卜略加翻炒。

3 在锅内倒入鳗鱼高汤开始炖煮。

4 烧开之后放入蒜泥，用汤用酱油调味。

5 放入金针菇和香葱，用食盐调味即可。

🍲 2~3 人份

豆腐	100g
泡菜	0.5 杯
洋葱	1/2 个
鳗鱼高汤	1.5 杯
香葱	少许

调料酱

汤用酱油	1 大勺
辣椒粉	1 大勺
酱油	2 小勺
蒜泥	1 小勺
泡菜汁	3 大勺
胡椒粉	少许

How to Make

1 豆腐洗净切块，洋葱、泡菜分别洗净、切丝，香葱切末。用上列材料调制调料酱。

2 汤锅内放入洋葱丝、泡菜丝、豆腐、调料酱、鳗鱼高汤。汤锅煮开之后，改为中小火再炖 5~7 分钟收汁。最后撒上香葱末即可。

烹制
15 分钟 | 鳗鱼高汤
P11

豆腐如此美味

洋葱蒸豆腐

　　一道简约的砂锅豆腐，无需放入各种材料，只放了洋葱简单烹制。孩子通常不太喜欢吃煮汤或炖汤里的洋葱，但对这道汤品的洋葱却十分喜爱。孩子要我在汤里放些她爱吃的泡菜，我也答应了她。这就是妈妈为什么会成为料理研究家的理由。

THREE

无需其他菜肴也安心!

一盘料理

想不到什么满意的小菜时,我通常会做面条、乌冬、盖饭、紫菜包饭这类食物给孩子吃。但只要端上这么一盘,即使没有任何下饭菜,孩子也会非常开心。

那么,现在就跟我一起做一盘既不失体面,烹饪又简单的料理吧!

比汤面更好吃

酱油拌面

小时候，妈妈总会在冰镇白糖水里下面给我吃。现在回想起来，应该没有人那么吃过吧。但听说在有些地区仍然会当加餐来吃。我偶尔也会给孩子做酱油拌面来吃。孩子一边把面条和用来做面码儿的酱牛肉丝放进嘴里，一边对我大叫"好吃"！

烹制
10 分钟

调味酱油
P12

Ready

🍲 1人份

龙须面 ·············· 100g
嫩芽菜 ·············· 少许

调料酱
调味酱油 ········ 1.5 大勺
香油 ················ 2 小勺
芝麻 ················ 少许

面码儿
酱牛肉 ·············· 少许
摊鸡蛋 ·············· 少许

How to Make

1 用来做面码儿的酱牛肉撕成细丝，摊鸡蛋切成细丝。

2 沸水中放入龙须面，待水再次煮开之后倒入冰水 1/2 杯，重复 2~3 次，直至面条煮熟。

3 面条煮熟之后，用冷水涮一涮，沥干水分备用。

4 在面条里放入所列分量的调料酱拌匀。在盘子里铺层嫩芽菜，再把面条装盘，最后用酱牛肉和鸡蛋丝做面码儿即可。

Tips

步骤 **1** 用来做面码儿的酱牛肉如果使用 P45 的"收汁酱牛肉"更加美味。

酸酸甜甜的红汤很好喝

卷泡菜汤面

烹制 10 分钟
冷冻 2 小时

鳀鱼高汤 P11
调味泡菜 P17

🍴 Ready

🍚1人份

龙须面 ·············· 100g
黄瓜 ·················· 1/5 根
调味泡菜 ·········· 3 大勺
芝麻 ·················· 少许

泡菜面汤调料

鳀鱼高汤 ··········· 1.3 杯
泡菜汁 ··············· 3 大勺
白糖 ·················· 1.5 大勺
醋 ······················ 1 大勺
料酒 ·················· 1 大勺
食盐 ·················· 1 小勺

🍴 How to Make

1 将泡菜面汤调料放在一起搅拌均匀，提前调制好面汤放进冰箱冷冻 2 小时，使其结层薄冰；黄瓜洗净、切丝备用。

2 龙须面放进沸水中煮至微沸，倒入 1/2 杯冷水，重复 2~3 次直至面条煮熟。

3 面条煮熟之后，用冷水涮一涮，沥干水分备用。

4 面条上放上调味泡菜和黄瓜丝，再倒上冰丝泡菜面汤，最后撒上芝麻即可。

Tips

步骤 1 如果用筛子把泡菜汁过滤一下，面汤的色泽更加诱人。
步骤 2 煮面的锅旁提前准备凉水，可避免煮沸之后流到锅外。

卷泡菜汤面这款面条通常都在早晨用泡菜汁提前做好调料放进冰箱冷冻，下午拿出来做给孩子当零食。虽然也有更加简单的方法，就是直接使用市面上销售的冷面汤，但只要在泡菜汁里加入醋和白糖在家也可以轻松地调制冰镇面汤。

泡菜炸猪排盖饭

记得我用油炸巴掌大小的手工猪排，搭配泡菜做了盘盖饭给孩子吃，孩子说炸猪排和泡菜是绝配，还吃得津津有味。看来只要孩子说一句"好吃"，煎、炸、炒都变得乐趣盎然。

烹制
15分钟

鳗鱼高汤 P11
调味泡菜 P17
迷你炸猪排 P14

Ready

1人份

米饭 ·················	1 碗
迷你猪排 ·············	1 片
调味泡菜 ·············	0.5 杯
鳗鱼高汤 ·············	0.5 杯
泡菜汁 ···············	3 大勺
香油 ·················	1 小勺
食盐 ·················	少许
芝麻 ·················	少许
香油 ·················	少许
食用油 ···············	适量

水淀粉

淀粉 ·················	1 小勺
水 ···················	1 大勺

How to Make

1 平底锅放入食用油，油炸迷你猪排，炸熟之后切成一口大小。

2 从油炸猪排的锅里倒出剩下的油，翻炒调味泡菜，再加入鳗鱼高汤和泡菜汁。

3 待锅内汤汁开始煮开时，将所列分量材料调制的水淀粉沿着锅边轻轻倒进去。

4 待汤汁变得浓稠，撒上少许食盐、芝麻和香油。将炸猪排放在米饭上面，最后把烧好的汤汁淋在上面。

Tips

步骤 3 请不要将调制好的水淀粉一股脑儿全部倒进去，而是根据汤汁的浓度适当调整，放到汤汁变浓稠即可。

快乐地翻炒泡菜

泡菜培根炒饭

烹制
10 分钟

调味泡菜
P17

🥄 Ready

🍲 1 人份

冷米饭	1 碗
调味泡菜	0.7 杯
洋葱碎末	3 大勺
培根（切片）	1 条
泡菜汁	2 大勺
香葱末	1 大勺
香油	少许
芝麻	少许
食用油	适量

🥄 How to Make

1 炒锅内倒入食用油，翻炒洋葱碎末和切片培根。

2 炒至洋葱变透明，放入调味泡菜继续翻炒。

3 在锅内放入冷米饭继续翻炒。

4 放入泡菜汁继续翻炒。最后撒上香油、芝麻、香葱末即可。

Tips

步骤 3 请不要碾碎米粒，将锅铲竖起来轻轻翻炒才可以避免炒饭结块。

小的时候，母亲就曾告诉我做泡菜炒饭的时候要多翻炒几下直至把泡菜汁收干。现在，烹制泡菜炒饭的时候，我也会像我小时候那样对我的女儿说，"姥姥说泡菜要炒到收干汁才好吃。还有啊，洋葱炒过之后味道变甜了。"

鸡蛋剩饭饼

孩子刚从学校回来就吵着肚子饿，思索着该给她做什么吃的时候，想到用早餐剩下的米饭给她做米饼。玄米筋道的口感与鸡蛋搭配出的味道实在不错。

烹制
10 分钟

Ready

🍲 1人份

玄米饭 ……………… 5 大勺
培根 ………………… 1 片
鸡蛋 ………………… 1 个
食盐 ………………… 少许
食用油 …………… 适量

How to Make

1 培根切成一口大小备用。

2 玄米饭里打入鸡蛋和少许食盐搅拌均匀。

3 在倒入食用油的炒锅内放入刚刚搅拌好的玄米饭，再把培根撒在上面。

4 从炒锅的边沿开始煎熟之后，翻面继续煎熟即可。

Tips

步骤 4 如果加一些番茄酱，孩子们吃得更香。

要用姥姥家的萝卜块泡菜烹制

萝卜块泡菜炒饭

烹制
10 分钟

🍴 Ready

🍲 1人份

冷米饭	1 碗
萝卜块泡菜	0.7 杯
维也纳香肠	1 根
洋葱碎末	3 大勺
泡菜汁	1 大勺
披萨奶酪	0.5 杯
食用油	适量

🍴 How to Make

1 将萝卜块泡菜和维也纳香肠切成大小一致的小丁备用。

2 炒锅内放入食用油，翻炒萝卜块泡菜、香肠、洋葱碎末。

3 待食材差不多熟，放入冷米饭和泡菜汁继续翻炒，注意避免米饭结块。

4 炒饭均匀地染上红色的泡菜汁时，撒上披萨奶酪，盖上锅盖，待奶酪融化即可。

Tips

步骤 1 用嫩萝卜泡菜代替萝卜块泡菜，同样美味。

步骤 4 如果撒上一层葱花，炒饭的色泽会更加饱满。

当孩子品尝我新腌渍的萝卜块泡菜时，如果说"跟姥姥家的味道差不多"就说明这次的腌萝卜块很成功。腌渍入味的萝卜块泡菜只要加一些香油拌饭也会非常好吃，但偶尔做炒饭时加一些披萨奶酪就可以享受到别样的风味。

尽享咀嚼的乐趣

裙带丝炒饭

在我烦恼着没什么合适的材料做炒饭时，随手拿了一些裙带丝做炒饭，没想到孩子吃得很香，还说这样做法更好吃。自那之后，每次做炒裙带丝的第二天，裙带丝炒饭就会如约亮相餐桌。

烹制
10 分钟

Ready

1人份

冷米饭	1 碗
盐腌裙带丝	150g
洋葱	1/4 个
胡萝卜	1/4 根
蒜泥	1 小勺
食盐	少许
香油	少许
芝麻	少许
食用油	适量

How to Make

1 用清水涮洗盐腌裙带丝，重复多次适当地去除盐分之后切成末；洋葱和胡萝卜同样洗净、切末备用。

2 炒锅放入食用油，翻炒蒜泥和裙带丝末。

3 在锅内放入洋葱末和胡萝卜末，翻炒直至洋葱变透明。

4 在锅内放入冷米饭，竖起锅铲翻炒避免碾碎米粒。

5 用食盐调味，撒上香油和芝麻即可。

Tips

步骤 1 如果裙带丝的盐分去除过多，将导致炒饭没有味道。裙带丝应留有一定的盐分，做出的菜或者炒饭才更加美味。所以清水涮洗时要注意适当程度。

盖饭真滋润

烤肉盖饭

| 烹制 10 分钟 | 鲲鱼高汤 P11 调味烤肉 P16 |

🍴 Ready

🍚 1 人份

米饭	1 碗
调味烤肉	150g
鸡蛋	1 个
洋葱末	2 大勺
香葱、胡萝卜	少许
鲲鱼高汤	0.7 杯
香油	1 小勺
汤用酱油	1 小勺
食盐	少许
芝麻、胡椒粉	少许
食用油	适量

🍴 How to Make

1 香葱洗净、切末，胡萝卜切丝。

2 炒锅内放入食用油烧热，放入洋葱末和胡萝卜，撒上少许食盐翻炒，再放入调味烤肉继续翻炒直至肉色变成褐色。

3 在锅内放入鲲鱼高汤。

4 将汤汁煮开之后打下鸡蛋。

5 鸡蛋煮熟之后，用汤用酱油调味，再将香葱、香油、芝麻、胡椒粉放在米饭上即可。

在嗞嗞作响的烤肉汤汁里打个鸡蛋，然后盛到热腾腾的米饭上就可以美美地吃一顿。

喜欢精熬牛骨汤

牛骨年糕汤

只要有精熬牛骨汤，煮年糕就跟煮拉面一样简单。此前都是用鳗鱼高汤来煮年糕，有一次加了些精熬牛骨汤给孩子煮了白色汤底的年糕之后，孩子说以后都要用精熬牛骨汤来煮年糕。

烹制
10 分钟

鳗鱼高汤
P11

Ready

🍲 1人份

年糕片 ⋯⋯⋯⋯⋯ 1.5 杯

鸡蛋 ⋯⋯⋯⋯⋯⋯ 1 个

精熬牛骨汤 ⋯⋯⋯ 1 杯

鳗鱼高汤 ⋯⋯⋯⋯ 0.5 杯

食盐 ⋯⋯⋯⋯⋯⋯ 少许

紫菜丝 ⋯⋯⋯⋯⋯ 少许

食用油 ⋯⋯⋯⋯⋯ 适量

How to Make

1 平底锅加热，放食用油，使用厨房纸擦拭之后改为微火摊鸡蛋。

2 摊好鸡蛋之后适当地晾凉一会儿，再卷起来切丝。

3 锅中放入精熬牛骨汤和鳗鱼高汤熬煮，用食盐调味。

4 汤底煮开之后，放入年糕片煮至年糕片发软。装碗之后将鸡蛋丝和紫菜丝放上去点缀。

微波炉即可搞定

鸡蛋饭

烹制 10 分钟　鳗鱼高汤 P11

Ready

🍲 1 人份

鸡蛋 ······················· 1 个
冷米饭 ·············· 3 大勺
蔬菜末（洋葱、西葫芦、
胡萝卜）············ 3 大勺
鳗鱼高汤 ········· 2 大勺
香油 ············· 0.5 小勺
食盐 ············· 0.3 小勺

How to Make

1 鸡蛋液里放入鳗鱼高汤、香油、食盐搅拌均匀。

2 在步骤 1 里放入蔬菜末和冷米饭搅拌均匀。

3 将搅拌好的米饭倒入微波炉专用容器里，用保鲜膜包裹之后打上几个小孔。

4 将包好的米饭放入微波炉中，转 2 分钟~2 分 30 秒即可。

Tips

步骤 3 制作成熟的过程中，鸡蛋会膨胀，因此，请不要将容器盛得太满。

虽然不常使用微波炉，但赶时间的时候偶尔会用一次。鸡蛋液里放几勺冷米饭和蔬菜末搅拌，然后放入微波炉里转一下就可以迅速做好鸡蛋饭。

炸酱炒乌冬面

孩子突然嘴里嘀咕着想吃炸酱面，在屋子里来回走动。虽说是嘀咕，但我听得清清楚楚，假装没听见，从冰箱冷冻室里拿出乌冬面，简单地做了一下。使用乌冬面也可以做出像模像样的炸酱面。

烹制
15分钟

Ready

🍴 **1人份**

乌冬面 ················· 1 人份
炸酱粉 ················· 1.5 大勺
水 ····················· 5 大勺
猪肉 ··················· 50g
洋葱 ··················· 1/5 个
圆白菜 ················· 少许
西葫芦 ················· 少许
蒜泥 ··················· 1 小勺
食用油 ················· 适量

腌猪肉酱料

料酒 ··················· 1 小勺
食盐、胡椒粉 ········· 少许

How to Make

1 用上列分量的酱料腌渍猪肉；蔬菜洗净、切片，厚度要比乌冬面的粗细略薄；炸酱粉放入 5 大勺水拌匀。

2 沸水里放入乌冬面，煮开之后捞出过凉水，再沥干水分。

3 炒锅内放入食用油烧热，翻炒蒜泥和猪肉，直至猪肉变成淡褐色，再放入准备好的蔬菜继续翻炒直至洋葱变得透明。

4 倒入冲调的炸酱汁，待烧开之时就放入乌冬面。

5 用锅铲翻炒，使面条、炸酱汁、蔬菜拌匀即可。

热饭配奶酪

奶酪飞鱼籽饭

烹制
10 分钟

♥ Ready

🍲 **1 人份**

米饭 ······················· 1 碗
焯水菠菜 ··············· 0.5 杯
奶酪片 ······················ 1 片
飞鱼籽 ····················· 1 大勺
章鱼酱 ················· 1.5 大勺
香油 ·························· 少许
芝麻 ·························· 少许

菠菜调料

汤用酱油 ········· 0.5 小勺
香油 ··············· 0.5 小勺

♥ How to Make

1 焯水菠菜沥干水分，切成一口大小，用汤用酱油和香油腌一下。

2 砂锅内层薄薄地涂抹一层香油。

3 砂锅内铺一层米饭，大约半碗，铺上奶酪，再将剩余米饭放上去。

4 米饭上摆放菠菜、飞鱼籽、章鱼酱，撒上芝麻，将砂锅加热即可。

在刚刚煮好的热腾腾的米饭上面放上奶酪，孩子都特别喜欢奶酪融化的感觉。再加上翠绿的菠菜、红红的章鱼酱、口感十足的飞鱼籽，放进砂锅里略略加热就可以享受到美味啦！

炸鸡放在米饭上

炸鸡蛋黄酱盖饭

在盖饭上浇一层蛋黄酱看上去会觉得油腻，但味道出乎意料的香。这款深受孩子们喜欢的食物，是盐腌鸡胸肉加上嫩嫩的美式炒蛋，再浇上一层蛋黄酱而成的。

烹制 15 分钟	调味酱油 P12

Ready

🍲1人份

米饭 ····················· 1 碗
鸡胸肉 ····· 1 片（切丁）
鸡蛋 ····················· 1 个
香葱末 ··············· 1 大勺
蛋黄酱 ················· 少许
食盐 ····················· 少许
食用油 ················· 适量

调料

调味酱油 ········ 1.5 大勺
糖浆 ··················· 1 大勺
料酒 ··················· 1 大勺

鸡胸肉调料

料酒 ··················· 1 大勺
食盐胡椒粉 ··········· 少许

水淀粉

淀粉 ··················· 1 小勺
水 ······················ 1 大勺

How to Make

1 用所列分量的调料腌渍鸡胸肉，再调制水淀粉备用。

2 鸡蛋液里放入 1 小勺水拌匀，在炒锅内放食用油做美式炒蛋装盘备用。

3 炒锅内放入腌渍鸡胸肉翻炒，直至肉色变成褐色。

4 在锅内放入调料。

5 调料煮开之后放入食盐，倒入水淀粉使鸡胸肉变稠。

6 待汤汁变得足够浓稠之后关火。在米饭上放上美式炒蛋与鸡胸肉，最后浇上一层蛋黄酱，撒上香葱末即可。

不同于面条的风味

咖喱米线

烹制
15 分钟

Ready

1 人份

米线	70g
固体咖喱	1 块
水煮鸡胸肉	1/2 片
洋葱	1/5 个
土豆	1/2 个
胡萝卜	少许
水	1 杯
食用油	适量

How to Make

1 水煮鸡胸肉、洋葱、土豆、胡萝卜全都洗净、切块备用。

2 沸水中放入米线，煮熟之后过凉水，放到筛子上沥干水分。

3 汤锅内放入食用油，将材料放进去翻炒，直至土豆炒熟之后放入 1 杯水。

4 在锅内放入咖喱块，翻动直至咖喱块融化。

5 咖喱块融化之后放入煮熟的米线。

6 搅拌直至面线和咖喱调料拌匀即可。

曾经因为面条不够而用配菜充量，做了一次咖喱面。虽然咖喱经常用来配米饭，但用来拌面条吃也别有一番风味。这次用米线代替面条试了试，咖喱和米线搭配出的美味超出了想象。

牛肉蔬菜粥

虽然我的女儿是小吃货，但就是不愿意吃早饭。为了让女儿吃早饭，特地起早做了碗牛肉蔬菜粥。女儿说早餐还是喝粥比较好。

烹制
10 分钟

糯米饭 P15
调味烤肉 P16
鳗鱼高汤 P11

Ready

🍲 1人份

糯米饭	1/2 碗
调味牛肉烤肉	50g
鳗鱼高汤	1.5 杯
西葫芦末	1 大勺
胡萝卜末	1 大勺
洋葱末	2 大勺
汤用酱油、香油	少许
紫菜丝	少许
食盐	少许

How to Make

1 调味牛肉烤肉切丁备用。

2 油锅内放入切好的调味牛肉烤肉翻炒，肉色变成褐色之后放入西葫芦末、胡萝卜末、洋葱末继续翻炒。

3 在锅内倒入鳗鱼高汤和糯米饭开始用火煮。

4 待粥变得浓稠之时，用汤用酱油和食盐调味，盛碗之后放入紫菜丝即可。

虾仁的口感真好

虾仁糯米粥

烹制 10 分钟　鳗鱼高汤 P11　糯米饭 P15

🍴 Ready

🍲 1 人份

糯米饭	1 碗
虾仁	1 杯
鳗鱼高汤	1.5 杯
金针菇	1/2 把
香葱	1 棵
洋葱末	2 大勺
胡萝卜末	1 大勺
汤用酱油	1 小勺
香油	少许
食盐	少许
芝麻、胡椒粉	少许

🍴 How to Make

1 虾仁切成一口大小，香葱和金针菇切末备用。

2 汤锅内放入少许香油，将虾仁丁轻轻翻炒，此时撒上少许食盐和胡椒粉调味。

3 在锅内放入鳗鱼高汤，放入糯米饭、金针菇末、洋葱末、胡萝卜末熬煮。

4 待糯米饭煮开，放入香葱末，再用汤用酱油和食盐调味，最后撒上芝麻即可。

通常煮粥的时候，放入的食材都会被切成细末。但因为虾仁的咀嚼感非常好，所以虾仁可以切丁放入。早晨给孩子煮一碗虾仁粥，放学回到家总会说还想喝。甚至提出要求说粥一定要趁热乎乎吹着喝才够味，叫我一定要给她煮一碗热腾腾的粥。

烹制 10 分钟
冷冻 2 小时

鳀鱼高汤 P11
调味泡菜 P17

呼噜噜呼噜噜

橡子凉粉面

橡子凉粉搭配酸酸甜甜的面汤，孩子吃起来动静格外大。

🍲 **1 人份**

橡子凉粉	300g
黄瓜	1/4 根
调味泡菜	2 大勺
圆白菜丝	少许
紫菜丝	少许

面汤调料

鳀鱼高汤	1 杯
白糖	1.5 大勺
醋	1 大勺
料酒	1 大勺
食盐	0.5 大勺

🖊 **How to Make**

1 将面汤调料放在一起搅拌均匀，提前调制好面汤放进冰箱冷冻 2 小时左右，使其结一层薄冰。

2 橡子凉粉切成手指粗细的条状，黄瓜去皮切丝。再将它们放进碗里，放上圆白菜丝、调味泡菜、紫菜丝做面码儿，最后倒入面汤即可。

FOUR

比外卖更加省时间的
外餐食品

　　只要在外用餐时吃到某种好吃的食物，回到家之后孩子总会提到"上次那个很好吃吧"这种话题。

　　在家里做给孩子吃，不仅对食材放心，还可以节省外出就餐的费用。

因为不是面粉，所以更好吃

土豆热狗

试着用土豆代替面粉做热狗。由于自己平日烹饪时大都以小巧食材为主，所以没有将香肠整根放进去，而是切成末。没想到做出来的迷你热狗不但削弱了咸味，而且土豆的量远远多过香肠，吃起来也觉得更加健康。

烹制
25分钟

Ready

🍲 1~2 人份

土豆 .... 2 个
维也纳香肠 .... 5 根
胡萝卜 .... 少许
炼乳 .... 1 大勺
蛋黄酱 .... 1 大勺
食用油 .... 适量

油炸裹衣

面粉 .... 2 大勺
鸡蛋 .... 1 个
面包粉 .... 0.5 杯

How to Make

1 土豆去皮、切块煮熟，水煮的土豆块要趁热放到筛子上沥干水分。

2 维也纳香肠、胡萝卜切末备用。

3 将土豆捣成泥，放入维也纳香肠末、胡萝卜末，再加入炼乳和蛋黄酱搅拌均匀。

4 将搅拌好的土豆泥分别捏成一口大小。

5 给做好形状的土豆泥裹上炸衣，按照面粉、鸡蛋液、面包粉的顺序依次裹好。

6 炒锅内放食用油加热至180℃，将土豆泥煎炸至表面变成金黄色即可。

Tips

步骤 1 煮土豆时，胡萝卜也切块一起煮一下。煮好之后，将剩余的水淋在维也纳香肠上去除油分比较方便。

步骤 4 如果使用寿司模具可以做出大小均等的热狗。

折起来吃的美味

蟹肉吐司

烹制
10 分钟

🍴 Ready

🍲 1人份

切片面包 ·············· 2 片
奶酪 ·················· 1 片
蟹肉棒 ················ 2 条
圆生菜 ················ 2 片
腌黄瓜 ················ 3 片

调料

蛋黄酱 ·············· 2 大勺
黄芥末酱 ··········· 1 大勺

🍴 How to Make

1 奶酪沿着对角线切成两半、分为两个三角形；蟹肉洗净、撕成细丝；腌黄瓜洗净切末备用。

2 蟹肉腌黄瓜末加上蛋黄酱放在一起拌匀备用。

3 切片面包背面沿对角线切个口子，在正面放上切好的奶酪烤一下。

4 没放奶酪的地方涂抹黄芥末酱。

5 然后在上面摆上圆生菜和蟹肉沙拉。

6 对折即可。

Tips

步骤 3 这样烤过之后，奶酪遇热就会紧贴在面包片上。

126

孩子吵着想吃三明治的时候，为了安抚孩子，我用蟹肉做了吐司给她吃。加上脆爽的圆生菜和酸酸甜甜的腌黄瓜味道更棒。在递给孩子的时候还教她轻松折叠的方法，秘诀就是在面包的背面轻轻地划上一刀。

柔滑又香甜

玉米土豆浓汤

烹制
15分钟

在超市里，孩子耳语对我抱怨道，"给妈妈的时候盛了一多半，刚刚给我盛的时候就给了一丁点儿。"这是站在试吃台前，试吃玉米浓汤时女儿对我说的话。在本人看来，每碗都差不多，但女儿觉得委屈，以为自己因为是小孩所以拿到小份。"妈妈回家给你盛一大碗"。

✎ Ready

🍲 1人份

土豆 1个
罐装玉米 1杯
牛奶 1杯
蜂蜜 .... 少许
食盐 .... 少许

✎ How to Make

1 土豆洗净，去皮切块，蒸熟之后沥干水分。

2 罐装玉米用热水焯过之后沥干水分，再和牛奶一起放入搅拌机搅拌。

3 将搅拌好的玉米倒入筛子上过滤玉米皮。

4 将玉米浆液和土豆一起放入搅拌机搅拌。

5 在锅底较厚的汤锅里将材料全部倒进去，煮至合适的浓度，再根据喜好添加盐、蜂蜜。

步骤 3 这一操作可使浓汤口感丝滑。

步骤 5 此时放入少许食盐，浓汤的甜味更胜一筹。

炒年糕的黄金比例很简单

汤汁炒年糕

| 烹制 15 分钟 | 鲲鱼高汤 P11 |

Ready

1 人份

年糕条	200g
大葱	1/4 棵
奶酪	1 片
鲲鱼高汤	2 杯

调料酱

辣椒酱	2 大勺
酱油	1 大勺
白糖	1 大勺

How to Make

1 将年糕条用热水焯一下；大葱洗净，切成葱段。

2 炒锅内放入年糕条、鲲鱼高汤、大葱开始煮。

3 待年糕条浮出表面煮开之后，改为微火，放入准备好的调料酱和鱼饼。

4 待汤汁变稠之后，放入奶酪增添香味。

Tips

步骤 3 鱼饼最后放才可以保留筋道的口感。
步骤 4 放入奶酪不仅可以加重味道，还可以减弱辣味。

每家面食店的炒年糕都有不同的味道。记忆中感觉特别好吃的店铺特征是炒菜用的是洋葱末，调料酱是红色的辣椒酱。自从看到辣椒酱、酱油、白糖按照 2 : 1 : 1 的比例称为黄金比例的报道之后，家里的炒年糕遵循的就是这一配比。

不黏手真好

墨西哥泡菜夹饼

女儿约朋友们来家里玩的时候我总是喜欢给她们做墨西哥泡菜夹饼，同时享有奶酪和泡菜的墨西哥泡菜夹饼让她们在吃的时候连话都不说。用平底锅煎出的夹饼，因为外层印下的纹理更加激起食欲。

烹制
10 分钟 | 调味泡菜
P17

🍴 Ready

🍲 **1 人份**

墨西哥薄饼
（6 英寸）............ 2 片
调味泡菜 .... 1 杯
维也纳香肠 .... 2 根
洋葱 .... 1/4 个
披萨奶酪 .... 0.5 杯
食用油 .... 适量

🍴 How to Make

1 维也纳香肠和洋葱洗净、切末备用。

2 平底锅内放入食用油烧热，翻炒洋葱直至颜色变透明。

3 在锅内放入调味泡菜和维也纳香肠翻炒。

4 翻炒至洋葱均匀地染上泡菜颜色即可。

5 在薄饼上放上炒泡菜，撒上披萨奶酪，再对半折叠。

6 在平底锅内放入薄饼，用中小火烤至表面变成褐色即可。

Tips

步骤 5 薄饼边缘放上奶酪就可以达到黏合的效果。

精致的妈妈牌汉堡

炸猪排汉堡

烹制
10 分钟 | 迷你炸猪排
P14

🍴 Ready

🍲 1人份

早餐包	2 块
猪排	2 片
西红柿片	2 片
腌黄瓜	4 片
嫩菜叶	少许
圆白菜丝	少许
罐装玉米	少许
猪排调料酱	适量
蛋黄酱	适量
食用油	适量

🍴 How to Make

1 锅内放入足量的食用油炸猪排，双面炸至金黄，再放在厨房纸巾上吸油。

2 早餐包切成两半，掏出一些面包。

3 在面包里轻轻涂抹一层蛋黄酱，再依次放上嫩菜叶、圆白菜丝、罐装玉米、腌黄瓜。

4 在上面放上西红柿片和炸猪排，洒上猪排调料酱之后盖上面包盖即可。

Tips

步骤 2 此举可以避免蔬菜掉出，且可以放入更多的蔬菜。

　　我家小区附近的书店旁有两家很有名的汉堡店。每次去书店的时候，都会对女儿说，"买一份汉堡套餐一起吃怎么样？"女儿虽然自己不大喜欢，但每当这时，她还是领会到妈妈想吃的心思，并陪我一起吃。女儿虽然不大喜欢吃外面卖的汉堡，但只要是家里做的，就能轻松地吃掉两个小汉堡。

早餐吐司

在鸡蛋液里放入蔬菜，试着在家里做了一次街边卖的吐司。用口感更嫩的早餐包代替切片面包，不仅形状更加可爱，孩子吃起来也更方便。

烹制
10 分钟

Ready

🍲 **1 人份**

早餐包 ·················	2 个
鸡蛋 ··················	1 个
圆白菜丝 ··············	1 杯
洋葱、胡萝卜 ·········	少许
番茄酱 ················	少许
食盐 ··················	少许
食用油 ················	适量

How to Make

1 将洋葱和胡萝卜洗净、切丝。

2 在鸡蛋液内放少许食盐和切好的蔬菜搅拌均匀。

3 早餐包切成两半放入平底锅内略微烤一下。

4 锅内倒入食用油，根据早餐包的大小将鸡蛋蔬菜液煎成圆形。

5 在烤过的早餐包上放上煎好的鸡蛋饼，淋上番茄酱，盖上另一片面包盖即可。

步骤 1 如果蔬菜切得过大会露出来。

烹制
10 分钟 | 调味泡菜
P17

用勺子吃的汉堡

泡菜奶酪米饭汉堡

"好像最近米饭汉堡很流行!"孩子对我这么说,也不知道她是从哪儿听来的。
只要是孩子提出来的,作为妈妈总希望能为孩子做一次妈妈牌的食物。

Ready

🍲 2~3 人份

米饭	1 碗
调味泡菜	0.7 杯
调味紫菜丝	1 杯
奶酪	1 片
香油	0.5 大勺
香松	少许
食用油	适量

How to Make

1 炒锅里放入食用油烧热,翻炒调味泡菜;热米饭里放入香油、调味紫菜丝、香松拌匀。

2 在小饭碗里按照米饭、奶酪、炒好的泡菜的顺序摆放,最后再铺一层米饭。将饭碗倒置装盘即可。

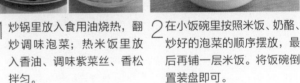

Tips

步骤 2 在小饭碗里铺一层保鲜膜,再制作汉堡最后倒置装盘时便于维持汉堡形状。

面包与打糕的相遇

打糕吐司

对烹饪有兴趣的朋友大概都有制作打糕吐司的经历。品尝之前心里还有些迟疑这会是什么味道，但打糕和吐司搭配出的效果超乎意料。

🍴 Ready

🍲 **2~3 人份**

切片面包	2 片
打糕	100g
炒豆粉	2 大勺
糖浆	1 大勺
炼乳	1 大勺

🍴 How to Make

1 将切片面包切掉四边，在一面均匀涂抹一层糖浆，并根据面包大小放上打糕。

2 锅内放上面包，用微火烤至双面金黄，再切成一口大小，最后撒上炒豆粉、坚果、炼乳即可。

Tips

步骤 1 不切掉面包四边也没关系。使用糕点店里出售的抹上豆粉的年糕也可以。

步骤 2 如果用大火烤，年糕融化之前面包表面就会烤焦，请务必用微火烤。

切块之后看上去更加好吃

基督山伯爵三明治

烹制
10 分钟

▮ Ready

🍲 1 人份

切片面包 ·············· 3 片
奶酪 ················· 1 片
火腿 ················· 1 片
草莓酱 ·············· 1 大勺
食用油 ··············· 适量

炸粉

鸡蛋 ················· 1 个
面包粉 ·············· 0.5 杯

▮ How to Make

1 在切片面包的一面涂抹草莓酱，放上切片火腿再放一片面包。

2 放上奶酪，把另一张切片面包放上去。

3 切去面包边，沿斜对角切出三角形。

4 在放入少许食盐的鸡蛋液里，浸泡刚刚做好的面包，并均匀涂上鸡蛋浆液，再裹上一层面包粉。

5 锅内放食用油，翻烤三明治直至各面均烤至金黄即可。

考虑该如何处理已经发软的西红柿时，试着放进摊鸡蛋里，你会做出意外美味的西红柿鸡蛋卷。1个西红柿、2个鸡蛋、少许平菇就可以迅速做好。

美味满满的烤肉

长棍面包烤肉披萨

把下饭菜肴烤牛肉放进拉丝的披萨里，就是长棍面包烤肉披萨。孩子们喜爱的披萨和美味烤肉搭配起来，当然受到孩子们的欢迎。

烹制 10 分钟
烤箱 10 分钟

调味烤肉
P16

Ready

1 人份

长棍面包 ·········· 1/2 个
调味烤肉 ·········· 150g
洋葱末 ············· 2 大勺
意大利面酱料 ····· 2 大勺
披萨奶酪 ············· 1 杯
番茄酱 ················ 少许
食用油 ················ 适量

How to Make

1 长棍面包横向切成两半，掏空一半左右备用。

2 炒锅里倒入食用油烧热，放入洋葱和调味烤肉翻炒至收干汤汁。

3 在面包里薄薄地涂抹一层意大利面酱料，再放上炒好的烤肉，均匀地撒上披萨奶酪。

4 在披萨奶酪上轻轻淋一些番茄酱，在预热到 190℃的烤盘里，烤 8~10 分钟。烤到披萨奶酪融化即可。

饱满的虾仁，筋道的土豆味

虾仁团子

烹制
15 分钟

Ready

🍲 **1人份**

虾仁	1 杯
土豆	1 个
豆腐	50g
韭菜	50g
淀粉	4 大勺
食盐、胡椒粉	少许

How to Make

1 用捣具把煮熟的土豆捣成泥，再沥干水分；用蒸笼布沥干豆腐水分；虾仁和韭菜洗净、切末备用。

2 在步骤 1 的材料里放入 2 大勺淀粉、少许食盐和胡椒粉调味拌匀。

3 把调好的馅儿分成一口大小搓成圆球形，再裹上一层淀粉。

4 把团子放进蒸笼里，蒸 15分钟左右即可。

Tips

步骤 3 计量勺可以分出均等的一口分量。

步骤 4 如果使用干燥的蒸笼布，食物会黏在上面。请把蒸笼布浸湿再挤干水分之后铺在团子下面。

不用饺子皮，只用馅儿搓成团子蒸出来的味道竟然这么好。猪肉白菜馅虽然好吃，但虾仁土豆馅也别有一番风味。再把一些孩子们不大喜欢吃的胡萝卜、韭菜等切成末放进去，孩子们既不会挑食，也能吃得津津有味。

米肠炒长条糕

我曾经把大人下酒菜类的炒米肠，试着按孩子的口味加入粗年糕条和香气宜人的苏子叶做过一次。女儿尝过一次之后，每次看到面食店里卖米肠都会要我买回去做妈妈牌炒米肠给她吃。

烹制
10 分钟

调味酱油 P12
鳀鱼高汤 P11

🍴 Ready

🍲 1 人份

米肠	200g
长条糕	100g
洋葱	1/4 个
苏子叶	5 片
芝麻	少许
食用油	适量

调料酱

调味酱油	1.5 大勺
鳀鱼高汤	3 大勺
蒜泥	1 小勺
辣椒粉	1 小勺
香油	1 小勺
胡椒粉	少许

🍴 How to Make

1 米肠去皮切成一口大小，长条糕也切成一口大小，洋葱和苏子叶切成差不多的大小，用调料酱所列分量的材料调制酱料备用。

2 炒锅里放入食用油烧热，先炒洋葱再放入长条糕和调料酱。

3 调料酱煮开之后，放入米肠翻炒均匀。

4 最后放入苏子叶再翻炒几下，撒上芝麻即可。

Tips

步骤 1 如果长条糕发硬，请用热水稍微焯一下泡软再使用。

满满的奶酪味

奶酪棒

烹制
20 分钟

🍴 Ready

🍲 1 人份

马苏里拉奶酪 …… 200g
米纸 ……………… 15 张
食用油 …………… 1 杯

油炸面糊

面包粉 …………… 1 杯
鸡蛋 ……………… 1 个
欧芹粉 …………… 少许

Tips

步骤 1 如果面包粉过于干燥，可以使用喷瓶喷洒一些水。略带水分的状态下油炸可以避免表皮焦煳。

步骤 3 米纸泡软之后容易裹上面包粉。裹上两层面包粉可以避免奶酪流出来。

步骤 4 这一阶段操作结束后，放进密封盒里再放进冰箱冷冻。冷冻好后，拿出来常温解冻30 分钟左右再油炸就可以尽享奶酪棒的美味。

🍴 How to Make

1 面包粉里加入少许欧芹粉拌匀。

2 将米纸放入热水泡软，再把切成细条的马苏里拉奶酪放上去卷起来。

3 按照面包粉、鸡蛋浆、再一层面包粉的顺序将奶酪依次裹上。

4 用手握住奶酪棒以固定形状，避免面包粉掉下来。

5 油锅加热至 180 ℃，把奶酪棒放进锅里油炸至金黄即可。

试着做了几次汉堡店里出售的奶酪棒，但每次都因露出来的奶酪烦恼。苦思无良策的时候，试着用米纸包裹之后油炸，终于炸出不逊于外面出售的形状。

　　更何况妈妈牌的奶酪棒里含有更多优质奶酪。

不用油炸也可以香香脆脆

炸鸡柳

烹制 15 分钟
烤箱 13 分钟

试着用烤箱做了一次炸鸡柳。提前把鸡胸肉裹上面糊，恰逢孩子放学回到家时刚刚从烤箱里拿出来，随着孩子的一声欢呼"哇"，感觉嘴快咧到了耳朵根。就算不如油炸的那么香脆，但妈妈是怀着想给孩子吃健康食品的心意做出来的。

🥄 Ready

🍲 1 人份

鸡胸肉	200g
鸡蛋	1 个
面粉	2 大勺
面包粉	1 杯
食用油	1 小勺

鸡里脊肉腌料

料酒	1 大勺
食盐	少许
胡椒粉	少许

酱料

蜂蜜芥末酱	适量

🥄 How to Make

1 鸡胸肉去筋，再用所列分量的鸡里脊肉腌料腌渍 10 分钟左右。

2 将腌渍好的鸡胸肉裹上面粉。

3 把裹好面粉的鸡胸肉放入鸡蛋液里浸湿，再裹上一层加入食用油的面包粉，用手搓揉均匀。

4 烤箱预热至 190℃之后，放入鸡胸肉，烤 10~13 分钟，在鸡胸肉上挤上蜂蜜芥末酱装盘即可。

步骤 3 在浸鸡蛋液之前，先用面粉均匀地裹上一层，可以更加均匀地涂抹鸡蛋浆液。在面包粉里放入 1 小勺食用油，用手揉匀之后再使用，用烤箱烤好之后口感更加香脆。

我要一口吃两个

鸡米花

烹制
15 分钟

Ready

🍲 1 人份

鸡胸肉 ·················· 1 片
洋葱 ················· 1/2 个
豆腐 ···················· 50g
咖喱粉 ·············· 1 小勺
淀粉 ················· 1 小勺
蒜泥 ················· 1 小勺
胡椒粉 ·················· 少许
食盐 ···················· 少许
食用油 ·················· 适量

How to Make

1 鸡胸肉切成适当大小，再跟切成末的洋葱和沥干水分的豆腐、咖喱粉、淀粉、蒜泥一起倒入食品加工机里。

2 在上述食材里放入少许食盐和胡椒粉调味之后搅碎。

3 用小勺把搅碎的面糊分成均等大小。

4 平底锅里倒入食用油烧热，将面糊放进去双面煎至金黄即可。

Tips

步骤 3 也可以做出长条形的鸡米花，然后用竹签插上去。

鸡米花个头原本就小，超市试吃区供客人试吃的鸡米花还要切成两半，更是小得可怜。看到孩子用牙签吃力地去插小小鸡米花的样子，禁不住笑出来。一边对孩子说在家里不用瞄准用叉子随便一插就行，一边把鸡米花拿给她。

比肉更筋道

糖醋香菇

由于香菇独特的香味，做成菜肴时并不受欢迎。有一次试着按糖醋肉的做法油炸之后撒上水果酱料，孩子和丈夫都非常喜爱。毫不逊于肉类口感的香菇和酸酸甜甜的水果酱料完美地融于一体。

烹制
20 分钟

🍴 Ready

🍲 **1人份**

新鲜香菇 ············· 200g
水果（苹果、菠萝、猕猴桃、芒果）······· 1 杯
面粉 ················· 1 大勺
食用油 ··············· 1 杯

油炸面糊

淀粉 ················· 2 大勺
蛋清 ··············· 0.3 小勺

糖醋酱料

水 ··················· 1 杯
白糖 ················· 3 大勺
醋 ··················· 3 大勺
酱油 ················· 1 小勺

水淀粉

淀粉 ················· 1 大勺
水 ··················· 2 大勺

Tips

步骤 3 使用淀粉沉淀物可以令油炸面糊更香脆。

步骤 5 一次性放入太多香菇将导致油温下降、削弱香脆口感，请注意这一点。

🍴 How to Make

1 新鲜香菇洗净，切成一口大小，再撒上面粉。

2 用上列分量的材料调制糖醋酱料和水淀粉。水果全都切块。

3 用上列分量的材料调制油炸面糊，利用打蛋器拌匀。

4 将撒好面粉的香菇放入油炸的面糊里拌匀。

5 锅里倒入食用油，加热至180℃时放入拌好的香菇油炸，炸至表面金黄。

6 将步骤 2 的糖醋酱料倒入汤锅加热，煮开之后放入水果继续煮一会儿，再倒入水淀粉调节浓度。最后撒在油炸香菇上即可。

哇哦！像模像样的

三文鱼排

晚一点去超市的时候，偶尔会有幸遇到新鲜海鲜打五折。每当这时，如果发现色泽漂亮的朱红色三文鱼就会放进购物车里。烤制的三文鱼不仅色泽亮丽，清淡口感更是绝佳。

🍴 Ready

🍲 1~2 人份

三文鱼	400g
橄榄油	适量
欧芹粉	少许

三文鱼腌料

橄榄油	1 大勺
柠檬汁	1 大勺
胡椒粉食盐	少许

酱料

黄芥末酱	1 大勺
蛋黄酱	2 大勺
柠檬汁	1 大勺
白糖	1 大勺
腌黄瓜末	1 大勺
洋葱末	1 大勺

🍴 How to Make

1 用上列三文鱼腌料腌渍三文鱼 10 分钟左右，并用上列分量的酱料材料调制酱料。

2 平底锅里倒入橄榄油，把三文鱼放上去双面煎至金黄，再淋上酱料和欧芹粉即可。

FIVE

去体验学习时
给孩子偌儿长气势的
便当

虽然学校平时提供学生餐，但去郊游或去现场进行体验学习的时候，经常会面临需要给孩子准备便当的情况。每当有这种机会的时候，心中回忆着小时候每天为我准备便当的妈妈，就努力为孩子准备足以让孩子眉开眼笑的漂亮便当。无需大费工夫，只要一点点创意就可以。

一个一个夹着吃

迷你紫菜包饭

🍴 Ready

🍚 **1~2 人份**

米饭	1.5 碗
紫菜	2 张
胡萝卜	1/4 根
菠菜	1/5 捆
盐水萝卜	2 条
鸡蛋	1 个
香油	少许
芝麻	少许
食用油	适量

米饭调料

香油	2 小勺
芝麻	2 小勺
食盐	0.3 小勺

胡萝卜腌料

香油	0.5 小勺
食盐	少许

菠菜腌料

食盐	0.2 小勺
香油	1 小勺
芝麻	1 小勺

🍴 How to Make

1 紫菜分成 6 等份，米饭用上列材料调味。

2 焯过的胡萝卜、菠菜分别用上列材料腌渍。摊好鸡蛋之后，按照紫菜的长度，把摊鸡蛋和盐水萝卜切成细条。

3 紫菜粗糙的一面朝上平铺，将调味米饭放上去摊平，铺满紫菜的 3/4 大小即可。

4 把步骤 2 的材料一次排放在米饭上卷起来，最后再涂一层香油，再撒上芝麻即可。

Tips

步骤 4 卷好紫菜包饭之后，将紫菜的尾端朝下装盘，可以利用米饭的余温黏住末端。

香辣鱼饼奶酪紫菜包饭 四方鱼饼 1 片，切成细丝，用 1 小勺辣椒酱、1 小勺糖浆、1 小勺料酒、少许胡椒粉翻炒。把 2 片切片奶酪切成细丝，用炒好的鱼饼一起放进迷你紫菜包饭里非常美味（1 碗米饭为准）。无需其他蔬菜也可以轻松地做好紫菜包饭。

有一次，学校组织学生家长参
加"一日安全协管"的活动，跟着
孩子们去现场学习。吃饭的时候，
有一个带迷你紫菜包饭的孩子突然
拿出一次性塑料手套戴起来。他一
边说是妈妈叫他这么做的，一边用
戴着宽松手套的小手抓起紫菜包饭
送进嘴里。那副样子十分可爱。自
那之后，每次给孩子做迷你紫菜包
饭的时候，都会想起那个孩子的可
爱模样，心中盘算自己要不要给孩
子准备塑料手套。

炸猪排紫菜包饭

把提前做好放进冰箱冷冻的迷你炸猪排拿出来油炸一下，放进紫菜包饭里。孩子自豪地对我说，有了厚厚的炸猪排，没有其他材料也好吃，自己的紫菜包饭最受其他小朋友的欢迎。

烹制 20 分钟 | 迷你炸猪排 P14

Ready

1~2 人份

米饭 ·············· 1.5 小勺
炸猪排 ············· 适量
紫菜 ··············· 2 张
圆白菜丝 ··········· 1 杯
胡萝卜 ············ 1/4 根
苏子叶 ············· 4 片
食用油 ············· 适量

圆白菜腌汁

醋 ················ 1 小勺
白糖 ·············· 1 小勺
食盐 ············· 0.5 小勺

米饭调料

香油 ·············· 2 小勺
食盐 ············· 0.2 小勺
芝麻 ·············· 1 大勺

酱料

炸猪排酱料 ········· 适量

How to Make

1 用上列分量的材料调制的腌汁腌渍圆白菜丝，再用蒸笼布轻轻挤掉水分。胡萝卜洗净、切丝、苏子叶洗净沥干水分。

2 猪排油炸之后分成 4 等份。

3 用上列米饭调料拌匀米饭。

4 紫菜粗糙的一面朝上，薄薄地铺一层米饭，铺满紫菜 2/3 程度。

5 再铺苏子叶、炸猪排、腌圆白菜、胡萝卜、淋上炸猪排酱料之后，把苏子叶包好之后卷紫菜包饭即可。

任何时候泡菜都好吃

酸泡菜包饭

烹制
20 分钟

Ready

🍚 1~2 人份

米饭	1.5 碗
酸泡菜	5 片
焯水苏子叶	4 片
土豆	1/2 个
焯水西蓝花	2 朵
彩椒末	1 大勺
食盐、芝麻	少许
香油	少许
食用油	适量

How to Make

1 用水把酸泡菜酱料冲洗干净；土豆去皮切块，略煮一下；焯水西蓝花切成碎末。

2 炒锅里倒入食用油，翻炒土豆和彩椒末，再放少许食盐翻炒。

3 在炒蔬菜里放入米饭。

4 竖起锅铲翻炒避免碾碎米粒，用食盐调味，洒上香油。

5 酸泡菜的茎切掉 2/3 左右，再放上一口大小的米饭卷好。

Tips

步骤 2 因为酸泡菜仍有腌料味道，放食盐时仅仅放到用来调味的程度即可。

步骤 5 焯水苏子叶也用同样的方法做成包饭。

孩子虽然对早餐格外挑剔，但只要是用酸泡菜包的米饭，什么时候都乖乖地吃掉，对泡菜非常喜爱。试着把蔬菜炒饭放在酸泡菜上卷起来做成包饭。这款包饭用来准备便当时，无论何时都大受欢迎。

肉多多，蔬菜多多

烤肉紫菜包饭

烹制半成品调味烤肉的时候，通常会把烤肉炒熟之后放在生菜上做简单的紫菜包饭给孩子吃。孩子觉得好吃的时候，就会对我说，下次去郊游的时候便当里要放这个。还不知下一次郊游何时到来的时候，孩子就提前预约了便当的食谱。

烹制 20 分钟 | 调味烤肉 P16

Ready

🍲 1~2 人份

米饭	1.5 碗
调味烤肉	200g
紫菜	2 张
生菜	6 片
苏子叶	4 片
盐水萝卜	1 条
食用油	适量

米饭调料

食盐	0.2 小勺
香油	2 小勺
芝麻	1 大勺

How to Make

1 炒锅里倒入食用油，放入调味烤肉。

2 翻炒直至收干调味烤肉的水分备用。

3 盐水萝卜按长度切成两半，生菜和苏子叶洗净沥干水分。

4 热米饭用上列米饭调料拌匀。

5 紫菜的粗糙一面朝上，薄薄地铺开一层米饭，铺满 2/3 的紫菜。

6 在米饭上铺开生菜和苏子叶，再铺上炒好的调味烤肉和盐水萝卜，之后卷好即可。

Tips

步骤 6 如果先用生菜把烤肉包好之后，再卷紫菜包饭时，做出来的形状更漂亮。

厚厚的鸡蛋卷藏在紫菜包饭里

鸡蛋卷紫菜包饭

烹制
20分钟

🍴 Ready

🍚 1~2 人份

米饭	1.5 碗
鸡蛋	3 个
紫菜	3 张
红彩椒	1/5 个
焯水菠菜	3 棵
盐水萝卜	2 条
香肠	1.5 根
食盐	少许
食用油	适量

米饭调料

香油	2 小勺
食盐	少许
芝麻	1 小勺

Tips

步骤 3 做饭时如果加一些黑米，做出来的紫菜包饭看上去与众不同。

步骤 6 香肠用热水焯一下，用相同的方法做出紫菜包饭。

🍴 How to Make

1 盐水萝卜、1/2 根香肠、菠菜、彩椒洗净、切成碎末。

2 鸡蛋液里放入碎末材料，加入少许食盐搅拌均匀。

3 热米饭用米饭调料拌匀。

4 平底锅里倒入食用油，倒上薄薄的一层鸡蛋液，表面全部熟透之前一点点卷起来做出鸡蛋卷。

5 将卷好的鸡蛋在锅里来回滚动，固定形状直至里层熟透。

6 紫菜粗糙的一面朝上，铺一层米饭再放上鸡蛋卷之后卷起来。

把想要放进紫菜包饭里的材料全都切成碎末放进鸡蛋液里，摊出鸡蛋卷再放进紫菜包饭里。如果再用与鸡蛋卷差不多粗细的香肠放进紫菜包饭里可以做出更加美观的便当。

黄瓜 + 蟹肉 + 奶酪

黄瓜蟹肉卷

腌黄瓜和蟹肉无论放进沙拉，还是放进紫菜包饭里都非常好吃。如果再加上养孩子家庭常备的奶酪，味道更加鲜香。

烹制
15分钟

🍴 Ready

🍲 **1~2 人份**

米饭	1.5 碗
黄瓜	1/4 根
蟹肉棒	4 根
奶酪	1 片
金枪鱼松	0.5 杯
紫菜	1 张
蛋黄酱	1.5 大勺

黄瓜腌汁

醋	1 大勺
白糖	1 小勺
食盐	0.5 小勺

米饭调料

香油	2 小勺
食盐	0.2 小勺
芝麻	1 小勺

🍴 How to Make

1 蟹肉撕成细丝，再用蛋黄酱拌匀；黄瓜和腌汁材料放进塑料袋里腌渍 5 分钟左右，再沥干水分；奶酪对折之后切成 4 等份；紫菜切成两半。

2 热米饭用米饭调料拌匀。

3 紫菜卷帘上铺层保鲜膜，放半张紫菜铺一层米饭。

4 倒置，紫菜朝上，再放上蟹肉、奶酪、黄瓜。

5 卷起来使前后两端的米饭互相黏合，再用紫菜包饭卷帘捏出圆形。

6 把金枪鱼松放到紫菜卷上即可。

Tips

步骤 6 如果金枪鱼松上铺一层保鲜膜，切出来的形状更加美观。

放上的花瓣

牛肉蔬菜炒饭

烹制 15 分钟 | 调味牛肉泥 P16

🥄 Ready

🍲 1~2 人份

米饭 ························· 1 碗
调味牛肉泥 ········· 100g
蔬菜（胡萝卜、嫩南瓜）
························· 少许
鸡蛋 ····················· 1 个
切片火腿 ··············· 1 片
食盐 ····················· 少许
食用油 ·················· 适量

米饭调料

香油 ····················· 1 小勺
食盐 ····················· 少许
芝麻 ····················· 1 小勺

🥄 How to Make

1 嫩南瓜和胡萝卜洗净、切成碎丁。

2 鸡蛋摊好之后，用花瓣造型器压出形状。火腿也用同样的办法。

3 炒锅里倒入食用油，放入调味牛肉泥翻炒，再放入嫩南瓜和胡萝卜用食盐调味，继续翻炒直至所有材料炒熟。

4 铺上厨房纸巾之后倒上炒好的材料，吸收油分。

5 将上列米饭调料与米饭拌匀，放入吸油后的材料，搅拌均匀，盛碗之后摆放花瓣形状火腿和鸡蛋点缀即可。

牛肉蔬菜炒饭是把冰箱里冷冻的调味牛肉泥和蔬菜简单地翻炒之后拌上米饭而成的便当。

　　因为只炒了蔬菜和牛肉，并没有油炒米饭，所以不会那么油腻。这时候请务必使用热米饭，而不是冷米饭。

金枪鱼泡菜饭团

在学校门口的面食店，孩子总会烦恼该买金枪鱼饭团还是金枪鱼炒泡菜饭团。两个都买就太多，而二选一让孩子很为难。所以郊游的时候，两种味道都给她做出来。

烹制
15 分钟

调味泡菜
P17

Ready

🍲 1~2 人份

米饭 ······················ 1.5 碗
150g 金枪鱼罐头 ···· 1 罐
调味泡菜 ············· 0.5 杯
洋葱末 ················· 2 大勺
蛋黄酱 ··············· 1.5 大勺
紫菜 ····················· 1/2 张
糖浆 ····················· 1 小勺
食盐、胡椒粉 ······· 少许
食用油 ··················· 适量

米饭调料

香油 ····················· 2 小勺
食盐 ··················· 0.2 小勺
芝麻 ····················· 1 小勺

How to Make

1 金枪鱼放到筛子上沥干油分，其中的 1/2 拿来用洋葱、蛋黄酱、少许食盐和胡椒粉拌匀。

2 炒锅里倒入食用油，翻炒调味泡菜和其余金枪鱼，再放入糖浆增添润泽。

3 用米饭调料拌匀米饭。

4 将调味米饭分成一口大小的分量分别放上金枪鱼馅和泡菜炒金枪鱼，包成圆形之后再捏出三角形。

5 紫菜剪出适合手拿的大小，再贴到饭团中间位置即可。

用简单的食材迅速烹制

鸡蛋三明治

烹制
15 分钟

Ready

1~2 人份

早餐包	3 个
煮鸡蛋	2 个
蟹肉棒	2 根
奶酪	1 片
黄瓜	1/3 根
圆生菜	少许
蛋黄酱	2 大勺
白糖	1 小勺

黄瓜腌汁

醋	1 小勺
白糖	1 小勺
食盐	0.5 小勺

How to Make

1 黄瓜洗净、切细丝，用黄瓜腌汁腌渍；蟹肉棒按纹路撕成丝，奶酪切细丝；圆生菜洗净后沥干水分。

2 煮鸡蛋捣碎，用蒸笼布挤干腌黄瓜的水分备用。

3 腌黄瓜、奶酪、鸡蛋、蟹肉放到一个容器里，加入蛋黄酱和白糖拌匀。

4 早餐包切出深深的口子，先铺一张圆生菜，再适量地放进步骤 3 的材料即可。

Tips

步骤 2 捣碎煮鸡蛋的时候，把煮鸡蛋放入玻璃杯或者咖啡杯里用水果刀轻轻切碎，这个方法很方便。

赶时间的时候没有比用冰箱里的材料做出来的鸡蛋三明治更容易的了。只要有香喷喷的煮鸡蛋配上清脆的黄瓜就可以。用早餐包做出来的三明治口感更好，孩子们更喜欢。

包饭酱真香

羽衣甘蓝包饭

只要有辣椒酱、调味牛肉泥、坚果碎末，再配上包饭酱就可以轻松地烹制出羽衣甘蓝包饭。包饭用的羽衣甘蓝大小跟苏子叶差不多，不仅便于用来做饭团，用热水焯过之后也不会发苦。是一道大人孩子都喜欢的便当菜品。

烹制 20 分钟 ｜ 调味牛肉泥 P16

🍴 Ready

🍚 1~2 人份

米饭	1.5 碗
羽衣甘蓝	12 片
食用油	适量

米饭调料

香油	2 小勺
食盐	少许
芝麻	1 小勺

包饭酱

调味牛肉泥	50g
坚果碎末	1 大勺
洋葱末	2 大勺
蒜泥	1 小勺
辣椒酱	2 大勺
糖浆	1 大勺
芝麻	1 大勺

Tips

步骤 1 羽衣甘蓝放入沸水之后，用筷子拨动大约 10 秒使其发软即可。

步骤 4 包饭酱可以直接用来下饭也非常美味。

🍴 How to Make

1 沸水中放入羽衣甘蓝焯一下。

2 炒锅里倒上食用油，放入调味牛肉泥翻炒之后，再放入辣椒酱、洋葱末、蒜泥翻炒。

3 锅里放入糖浆翻炒均匀。

4 续于锅里放入坚果碎末和芝麻翻炒就可以做好包饭酱。

5 用米饭调料拌匀米饭，再捏一口大小的块状。

6 羽衣甘蓝背面朝上铺平，放上米饭和包饭酱之后，按照前、左、右的顺序把羽衣甘蓝折叠之后再卷好即可。

鸡胸肉很清淡

鸡胸肉三明治卷

Ready

🍲 1~2 人份

切片面包	4 片
煮鸡胸肉	1 片
圆生菜	6 片
彩椒	1/2 个
腌黄瓜	1 根
奶酪	2 片

酱料

黄芥末酱	1 大勺
蛋黄酱	1 小勺
白糖	1 小勺

How to Make

1 圆生菜洗净沥干水分，煮鸡胸肉按肉质纹理撕成丝。彩椒、腌黄瓜、奶酪切细丝。

2 用黄芥末酱、蛋黄酱、白糖调制好酱料，其中分出 1 小勺放入鸡丝拌匀。

3 面包切掉四边，将 2 片面包的一边叠放铺好，再用擀面杖铺平。

4 在面包片上轻轻地涂抹一层步骤 2 中的酱料，放上圆生菜之后把其余材料依次摆放上去。

5 卷好的三明治用保鲜膜包好，固定出糖果的样子即可。

用煮鸡胸肉做的三明治，吃起来更有饱腹感。尤其给孩子准备便当的时候，做成糖果形状，孩子特别喜欢。

辣酥酥的止不住手

火腿饭团

准备饭团的时候，请试试用辣椒酱炒过的火腿放进饭团里。即使不用添加各种食材，也可以做出深受孩子喜爱的饭团。辣椒酱的香辣味道可以削弱火腿的油腻。

烹制
15分钟

Ready

🍲 1~2 人份

米饭	1 碗
火腿	50g
调味紫菜丝	1 杯

米饭调料

香油	1 小勺
芝麻	1 小勺
食盐	少许

调料酱

辣椒酱	1 小勺
糖浆	1 小勺
番茄酱	1 小勺

How to Make

1 火腿切丁，放在筛子上，倒上热水。

2 将火腿与调料酱材料一起放进锅里，翻炒均匀。

3 热米饭里加入炒好的材料调味拌匀。

4 把拌好的米饭放在保鲜膜上铺成圆形，放上火腿之后收拢捏出圆形。

5 将包好的饭团表面裹上一层调味紫菜丝。

Tips

步骤 2 相比于直接使用，将火腿与调料酱一起翻炒，这么操作可以去除一定的油分和盐分。

散发出健康的美味

黑麦面包三明治

烹制
15 分钟

Ready

🍴 1~2 人份

黑麦面包 .... 4 片
煮鸡蛋 .... 1 个
圆生菜 .... 4 片
切片奶酪 .... 2 片
切片火腿 .... 2 片
西红柿 .... 1 个
腌黄瓜末 .... 3 大勺
蛋黄酱 .... 2 大勺
整粒芥末酱 .... 1.5 大勺

How to Make

1 圆生菜洗净沥干水分，西红柿洗净、切成圆片，煮鸡蛋捣碎备用。

2 煮鸡蛋里放入腌黄瓜末和蛋黄酱拌匀。

3 在一片黑麦面包上薄薄地涂抹一层整粒芥末酱。

4 在面包上依次放上圆生菜、鸡蛋、西红柿、火腿、奶酪之后，用另一片黑麦面包盖上。

5 使用面包纸包好三明治之后，切成两半即可完成。

Tips

步骤 3 切掉面包四边再制作，做出来的三明治的形状更加美观。

同样都是三明治，好像
也会因面包的不同而具有不
同的味道。做三明治时，试
着用泛黄的黑麦面包代替了
白色面包，孩子居然说吃起
来感觉更健康。

地瓜蔓越莓三明治

用蒸地瓜来做三明治，不仅操作容易，形状也不易变形，用来给孩子准备便当再好不过了。黄色地瓜里面藏有红色蔓越莓的三明治，看起来更诱人。

烹制 15分钟 | 蒸地瓜 P17

🍴 Ready

🍲 1~2 人份

切片面包	4 片
蒸地瓜	2 个
核桃	20g
蔓越莓	10g
牛奶	2 大勺
白糖	1 大勺
蛋黄酱	1 大勺

🍴 How to Make

1 核桃、蔓越莓切成细末。

2 蒸地瓜趁热捣成泥，放入牛奶、白糖、蛋黄酱拌匀。

3 将核桃、蔓越莓细末倒入拌匀，做好三明治馅。

4 把三明治馅涂抹在切片面包上，厚度为 1cm 左右，再用另一片面包盖上。

5 切掉面包四边之后，用面包纸包好即可。

Tips

步骤2 地瓜的浓度、甜味可根据喜好按牛奶、白糖、蛋黄酱的用量调整。

在油豆腐里的腌黄瓜

腌黄瓜油豆腐寿司

　　油豆腐寿司是孩子的郊游便当里常见的食物。少放一些米饭，把油豆腐开口处收紧既可以避免散开，孩子吃起来也更加方便。如果用咸味腌黄瓜代替寿司醋和木鱼花味道更加爽口。

♥ Ready

🍚 2~3 人份

米饭	1 碗
调味油豆腐	14 片
腌黄瓜	1/2 根
香油	少许
食盐、芝麻	少许

♥ How To Make

1 腌黄瓜泡水适当地冲掉咸味，切成末之后用蒸笼布沥干水分。热米饭里放入腌黄瓜和芝麻、香油拌匀。

2 轻轻按压调味油豆腐，挤掉醋之后，开口放米饭，油豆腐填满一半左右，把油豆腐的三角顶点捏合起来封口即可。

Tips

步骤 1 如果腌黄瓜的咸味不足，可用食盐调味。

步骤 2 提前把米饭捏成圆形用保鲜膜包起来，可以更加轻松地做出油豆腐寿司。

SIX

特别之日里准备的
手指零食

　　在此介绍当孩子的小朋友们来玩时，或者说是什么日子准备零食时，既拿得出手又可以迅速做好的菜谱。孩子一边说"妈妈最棒！"，一边伸出大拇指的时候，此前觉得做起来很麻烦的想法一扫而空。

可爱得下不了手

南瓜羊羹

烹制
20 分钟

🥄 Ready

🍲 1~2 人份

南瓜	250g
牛奶	50ml
水	100ml
石花菜粉	2 小勺
白糖	2~3 大勺
造清糖浆	1 大勺
食盐	少许

🥄 How to Make

1 容器里放入切块南瓜和 1 勺水（材料外），裹上保鲜膜，再穿几个小孔之后放进微波炉转 4~6 分钟。石花菜粉溶于 100ml 水，放置 15 分钟左右。

2 南瓜晾凉之后与牛奶、白糖、食盐放入搅拌机榨汁。

3 用中小火加热石花菜粉水，一边搅动一边加热直至冒出气泡。

4 倒入搅好的南瓜汁。

5 搅拌均匀之后，放入造清糖浆。

6 晾凉之后倒入塑料模具，放进冰箱冷冻大约 1 小时。

Tips

步骤 1 用微波炉煮熟南瓜的时候，先转 3 分钟，再根据南瓜的状态多转 1~2 分钟。

步骤 2 不用榨汁机，直接用饭勺捣碎也可以。

步骤 5 最后放造清糖浆或其他糖浆，可以增添润泽。

南瓜形状的羊羹，还没放进嘴里孩子们的脸上已经笑开了花。平日里女儿虽然不喜欢软塌塌口感，这时她也提出想吃一两块。请一定对您的孩子说不仅模样漂亮，南瓜对身体也是很有好处的。

家里居然也可以做出这种味道

鱼酱翅根

试着在家里做了孩子喜爱的手抓炸翅根。有时虽然也会用烤箱做出清淡口味，但偶尔也会选择油炸。心中想着孩子的可爱吃相，即使有点麻烦也会把油炸锅拿出来。

烹制
30 分钟

Ready

🍲 1~2 人份

翅根	400g
食用油	1.5 杯

翅根腌料

咖喱粉	1 小勺
胡椒粉	少许
料酒	1 小勺

面糊

蛋清	1 个
淀粉	3 大勺

酱料

干辣椒	1 个
酱油	1 大勺
鱼酱	1 小勺
醋	1 大勺
白糖	1.5 大勺
水	2 大勺

How to Make

1 翅根洗净，用翅根腌料拌匀，腌渍 10 分钟左右。

2 用打蛋器把蛋清打出泡沫，再放入腌好的翅根拌匀。

3 在翅根上均匀裹上一层淀粉。

4 油锅加热至 180℃，分两次炸熟翅根。

5 用剪刀剪碎干辣椒，与所列分量的酱料一起加热，直至产生气泡。

6 把油炸翅根放入锅中的酱料拌匀即可。

Tips

步骤 4 若只炸一次，经常会出现表面焦煳，里面没炸透的现象。

掏空西红柿做的碗也可以一并吃掉

玉米沙拉

🍶 Ready

🍲 2~3 人份

西红柿 ············ 6~10 个
罐装玉米 ············· 1 杯
水煮豌豆 ·········· 2 大勺
奶酪 ···················· 2 片
彩椒 ················· 少许

酱料
蛋黄酱 ············· 3 大勺
柠檬汁 ············· 1 大勺
炼乳 ················· 1 大勺
食盐 ················· 少许

🍶 How to Make

1 2 片奶酪叠放切成两半，再次叠放成魔方形状并切成小块。彩椒切小块。

2 西红柿切掉上端，用勺子掏空内瓤。

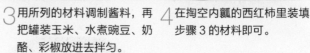

3 用所列的材料调制酱料，再把罐装玉米、水煮豌豆、奶酪、彩椒放进去拌匀。

4 在掏空内瓤的西红柿里装填步骤 3 的材料即可。

用勺子舀着吃的玉米沙拉，柔滑的玉米粒口感十足。掏空西红柿，放进嫩黄色玉米尽享精美视觉。拿在手里吃着吃着，到最后连西红柿盅也会吃得津津有味。

奶酪之中泛出点点紫色

蓝莓三明治

烹制
10 分钟 | 乳清奶酪
P13

用孩子喜欢的乳清奶酪蓝莓做了三明治。不仅孩子喜欢，连丈夫都瞬间一扫而光。紫色蓝莓对食欲的刺激非常大。

Ready

🍲 1~2 人份

切片面包	2 片
冷冻蓝莓	0.4 杯
乳清奶酪	3 大勺
炼乳	1 大勺

How to Make

1 乳清奶酪里放入炼乳拌匀，再把冷冻蓝莓放进去。

2 在 2 片面包中间放上厚厚一层步骤一的材料。面包切掉四边，切成合适的大小即可。

Tips

步骤 1 可以用奶油奶酪代替乳清奶酪，也可以用蜂蜜代替炼乳。

一层一层花花绿绿

杯状寿司

按照飞鱼籽寿司的感觉，试着在透明的杯子里装填寿司。孩子的小伙伴们来玩的时候，端过去放在房间里，随着感叹漂亮的欢呼声，孩子们一起分享的欢快笑声传到客厅。

🍴 Ready

🍚 1~2 人份

米饭	1.5 碗
摊鸡蛋	1 片
黄瓜	1/2 根
盐水萝卜	0.5 杯
蟹肉棒	2 条
飞鱼籽	1 大勺
蛋黄酱	1.5 大勺
芝麻	1 小勺

甜醋水

白糖	1 大勺
醋	1 大勺
柠檬汁	1 小勺
食盐	1 小勺

黄瓜腌汁

醋	1 大勺
白糖	1 小勺
食盐	0.5 小勺

🍴 How to Make

1 摊鸡蛋切成细丝，黄瓜切成半月形薄片再腌渍 5 分钟左右之后沥干水分。盐水萝卜切末，蟹肉棒撕成细丝再用飞鱼籽和蛋黄酱拌匀。

2 热米饭用所列分量调制的甜醋水和芝麻拌匀。在透明杯子里一层层填装米饭、蟹肉、盐水萝卜、黄瓜、鸡蛋丝即可。

Tips

步骤 2 如果一次分量的甜醋水太少，无法融化白糖时，请用微波炉转 30~60 秒，在温热的状态下溶解白糖。

迷你巧克力饼干

最近也不知为何孩子会有那么多纪念日。有一次，孩子说什么巧克力棒节，要准备巧克力饼干送给朋友，试着在面包干上抹上一层巧克力包装好，女儿说自己的特别受朋友们欢迎。现在孩子已经不用妈妈帮忙，自己在面包干上刷巧克力、撒入糖，连包装都自己做好带去学校。

烹制
10 分钟

🥄 Ready

🍲 1~2 人份

面包干 ·············· 30 块
考维曲巧克力 ····· 0.5 杯
彩虹糖 ·············· 少许
坚果碎末 ··········· 少许

🥄 How to Make

1 考维曲巧克力放入热水，用中火融化备用。

2 将巧克力浆涂刷在面包干大约 1/2 的面积上。

3 巧克力固化之前，撒上彩虹糖或者坚果碎末。

4 把面包干放在网盘上晾干巧克力即可。

草莓与奶酪的梦幻搭配

草莓奶酪卷

烹制 10 分钟 | 乳清奶酪 P13

Ready

🍲 1~2 人份

切片面包 ················ 2 片
草莓 ················· 6~8 颗
乳清奶酪 ·········· 3 大勺
蜂蜜 ·················· 1 大勺

How to Make

1 乳清奶酪用蜂蜜搅拌均匀，使其呈现丝滑状态。

2 面包切掉四边备用。

3 草莓洗净去蒂，切掉上下端。

4 用擀面杖把面包擀扁，抹上乳清奶酪之后再整齐地排放切好的草莓。

5 像卷紫菜包饭一样，用面包把草莓卷起来。

6 用保鲜膜包裹之后，从草莓的中间位置切下去。

Tips

步骤 1 用炼乳代替蜂蜜，味道也很好。

步骤 2 使用带有水分的面包更容易卷出形状。

步骤 5 在面包的末端涂一层乳清奶酪，卷出来的形状更加美观。

步骤 6 从草莓最饱满的地方切下去，草莓的切面最漂亮，切好的草莓卷也不易散开。

草莓无论与那种材料搭配都是非常可爱的水果。这次用面包卷上家庭自制的乳清奶酪和草莓，做出了草莓奶酪卷。春季孩子们去现场学习的时候装在便当里也非常合适。

坚果巧克力

应用于烘焙融化的巧克力剩下不少，胡乱捣碎各种坚果放进去，晾干之后孩子非常欣喜，好奇居然有这样的巧克力。这款巧克力凹凸不平的样子看上去更加美味。

烹制
10 分钟

Ready

🍚 1~2 人份

考维曲巧克力 ········ 1 杯
坚果 ···················· 1 杯
（核桃、南瓜子、杏仁）

How to Make

1 坚果放进干锅里略加翻炒。

2 炒坚果晾凉之后捣碎。

3 用中火融化考维曲巧克力备用。

4 在塑料模具里放进坚果碎末，再倒入融化的巧克力浆。放进冰箱冷冻 20 分钟左右即可。

Tips

步骤 4 如果添加一些白巧克力，可以做出大理石风格的巧克力。

去壳的栗子

栗子球

烹制
20 分钟

🥄 Ready

🍲 1~2 人份

煮栗子 ················ 350g
蜂蜜 ················· 1 大勺
牛奶 ················· 1 大勺
黑芝麻、白芝麻、桂皮
粉 ···················· 少许

🥄 How to Make

1 煮栗子尚有余温的时候对切，用小勺掏出栗子仁。

2 把栗子捣成泥，放入蜂蜜和牛奶拌匀。

3 把栗子泥分成一口大小揉捏成栗子形状。

4 在捏好的栗子球低端涂抹蜂蜜，再按喜好黏上白芝麻、黑芝麻、桂皮粉即可。

Tips

步骤 1 高压锅里放置三脚架蒸盘，再把栗子放进去煮，水位不要没过三脚架即可。高压锅开始摇晃的时候，改为中小火继续煮 2~3 分钟之后关火，闷上 10~15 分钟。

步骤 3 如果栗子不易揉捏成形，可以再加一些蜂蜜或牛奶。

市面上开始出售应季栗子的时节，总会买来一大堆享受煮着吃的乐趣。这次试着用蜂蜜和牛奶做出漂亮形状的栗子球。把栗子泥捏出栗子形状的同时又留下了孩子和妈妈在一起时的点滴回忆。

舀着吃的蛋糕

草莓塑杯蛋糕

把卡斯提拉蛋糕切成块，放入草莓和鲜奶油做成纸杯蛋糕。孩子过生日或者特别的日子里，便于简单制作。请用透明的塑料杯填装蛋糕，一边孩子拿在手里，一边用勺子舀着吃。

🍴 Ready

🥄 1~2 人份

草莓 ···················· 15 颗
卡斯提拉蛋糕 ········· 1 块
鲜奶油 ···················· 1 杯
开心果 ···················· 少许

步骤1在蛋糕店很容易买到鲜奶油。

🍴 How to Make

1 草莓去蒂对切；卡斯提拉蛋糕切成 1cm 厚的小块；鲜奶油放入裱花袋。

2 透明杯里放草莓块，草莓切面外以便透过杯子看到草莓，中间放卡斯提拉蛋糕。

3 在杯中的空隙内用裱花袋填满鲜奶油，再用刮板把表面刮平，再摆放草莓和开心果点缀即可。

比南瓜粥好吃得多

南瓜汁

南瓜汁就是南瓜里加入牛奶和鲜奶油调制的冰镇蔬菜汁。孩子的朋友来玩的时候，从冰箱里拿出冰霜的南瓜汁招待他们，孩子们欢呼雀跃地表示还以为是味道不怎么样的南瓜粥，原来这么好喝。

Ready

2~3 人份

南瓜	1/2 个
水	1 杯
牛奶	0.7 杯
鲜奶油	0.3 杯
炼乳	1 大勺
蜂蜜	1 大勺
食盐	少许
南瓜子	少许

How to Make

1 将南瓜掏净瓜子，去皮洗净、切块。锅中倒入一杯水煮透南瓜之后晾凉。

2 晾凉的南瓜、煮南瓜水、牛奶、鲜奶油、炼乳、蜂蜜、食盐放入搅拌机。

3 榨好之后装入容器里，放几粒南瓜子点缀即可。

三明治吃起来像糖

火腿奶酪三明治

火腿奶酪三明治是面包里面夹上火腿和奶酪卷出的三明治卷。这样用竹签插上，即使做成一口大小，孩子也不会吃得太着急，而是像吃糖果一样慢慢地吃掉。放进便当里孩子也非常喜欢。

烹制
10分钟

乳清奶酪
P13

Ready

🍲 1~2 人份

切片面包	3 片
火腿	3 片
奶酪	3 片
乳清奶酪	1 大勺
炼乳	1 小勺

How to Make

1 面包切掉四边，用擀面杖擀一下。乳清奶酪里放入炼乳搅拌均匀。

2 在切片面包上涂抹一层乳清奶酪，依次放上火腿和奶酪。

3 把切片面包像做紫菜包饭一样卷起来。

4 用保鲜膜把切片面包卷裹起来，像糖果一样把两端扭紧即可。

Tips

步骤1 做三明治卷的时候，刚刚买回家的面包更容易擀。使用奶油奶酪、蜂蜜，以及各种果酱也可以。

步骤4 切的时候不要去除保鲜膜，切起来更加轻松容易。

仅仅浸泡 3 秒钟

越南春卷

烹制
10 分钟

Ready

🍲 1~2 人份

米纸	15 张
煮鸡胸肉	1 片
蟹肉棒	3 根
盐水萝卜	3 条
彩椒	1/2 个
苏子叶	8 片
圆白菜丝	1 杯

酱料

辣味番茄酱 …… 适量
（或者花生酱）

How to Make

1 煮鸡胸肉和蟹肉棒按纹理撕成细丝；盐水萝卜横向分成两段，之后再竖着分成 3 等份；彩椒切细丝；苏子叶切成一半备用。

2 热水浸泡米纸 3 秒左右，甩掉水分。

3 平铺米纸，放上切成两半的苏子叶，再把其他材料放上去。

4 用苏子叶把材料卷起来之后，按照前、左、右的顺序把米纸折叠并卷起来即可。

Tips

步骤 1 放盐水萝卜之后，即使没有酱料也可以直接食用。

步骤 2 请注意如果浸泡时间过长，米纸太过软榻不容易卷出形状。

步骤 3 平铺的时候苏子叶正面朝下，可以卷出更美观的形状。

越南春卷是孩子极其感兴趣的一道菜品。一开始孩子做出来的越南春卷就好像是穿大人衣服的小孩，现在卷出来的春卷则毫不逊于大人。甚至还说"米纸不要浸泡太久，仅仅浸泡 3 秒刚刚好"，把自己的经验传授给妈妈。

牛肉丸子弹性十足

墨西哥牛肉薄饼卷

做给孩子的薄饼卷虽然心中想要做得小一点，但卷好之后形状大小总是不尽如人意。放烤肉的时候，要放足量的蔬菜孩子才不会噎得慌，所以通常会放很多蔬菜。孩子说把嘴巴塞得满满也没关系，因为不仅薄饼卷对身体好，味道更好。

| 烹制
15 分钟 | 调味烤肉
P16 |

🍴 Ready

🍲 1~2 人份

墨西哥薄饼 ………… 2 张
（8 英寸）
调味烤肉 …………… 200g
彩椒 ………………… 1/2 个
圆白菜丝 …………… 1 杯
圆生菜 ……………… 4 片
腌黄瓜 ……………… 适量
黄芥末酱 …………… 2 大勺
食用油 ……………… 适量

🍴 How to Make

1 圆生菜洗净沥干水分，腌黄瓜和彩椒洗净、切丝备用。

2 炒锅里倒入食用油，翻炒调味烤肉直至收干汤汁水分。

3 在墨西哥薄饼上放一勺黄芥末酱，均匀地涂开再放上圆生菜、蔬菜丝、炒过的烤肉再卷起来。

4 用蛋糕纸或保鲜膜把薄饼包起来，两端扭紧即可。

西红柿彩椒汁

"今天放哪种颜色彩椒好呢？"想起孩子小的时候，每次榨果汁我都会拿橙色、红色、黄色彩椒给孩子看，让孩子自己挑。把孩子挑好的彩椒跟西红柿一起榨成汁，孩子喝过之后说不同颜色的彩椒做出来的果汁味道也不同，还试着区别开来。

烹制
5分钟

Ready

🍲 1~2 人份

西红柿	2 个
彩椒	1/2 个
酸奶	1 瓶
食盐	少许

How to Make

1 将西红柿和彩椒切成适当大小以便放进搅拌机里。

2 把切好的西红柿、彩椒和酸奶、食盐放进搅拌机里榨成汁即可。

SEVEN

比起饼干更加受欢迎的

零食

　　孩子从客厅换拖鞋的时候就吵着肚子饿。孩子正在长身体，市面上卖的加入添加剂或很多白糖的饼干，不想给她吃太多。

　　现在向大家介绍用健康的谷物和水果，就可以迅速做好的妈妈牌零食。

奶油炒年糕放入南瓜里

焗南瓜

Ready

🍲 1~2 人份

南瓜 ················· 1/2 个
年糕条 ··············· 1 杯
披萨奶酪 ··········· 0.5 杯
培根 ··················· 1 条
牛奶 ················· 0.5 杯
鲜奶油 ············· 3 大勺
食盐 ················· 少许
食用油 ·············· 少许

How to Make

1 南瓜洗净、去皮掏瓤，放入
1 小勺水再装进容器里裹上
保鲜膜打上 3~4 个小孔，
用微波炉转 4~5 分钟。年
糕条和培根切小块。

2 锅中入油，先炒培根待颜色
变成金黄，再放入年糕条、
牛奶、鲜奶油煮至汤汁浓稠。
如果感觉调料酱偏淡，可用
食盐调味。

3 在煮熟的南瓜里倒入鲜奶油
炒年糕。

4 表面撒上披萨奶酪。

5 放进预热至 190℃的烤箱
里，烤 5~7 分钟奶酪融化
至表面金黄即可。

Tips

步骤 1 如果年糕条发
硬，请用热水稍微焯
一下再烹制。

步骤 5 也可以使用微
波炉融化披萨奶酪。

用鲜奶油和牛奶烹制的奶油炒年糕放进焗南瓜，连平日里对蒸南瓜看都不看一眼的女儿都一改往常，把撒上披萨奶酪的南瓜吃得一干二净。

果酱爆玄米花

小时候每当过年之际，在村里的空地里总会出现支起大大的铁锅售卖果酱爆米花。记得当时我和姐姐代替忙着准备年货的父母轮番去排队。直到如今，每次用家里的剩饭和坚果给女儿准备零食的时候仍然会想起当年迎着寒风排队等果酱爆米花的情景。

烹制 10 分钟
凝固 10 分钟

🥄 Ready

🍲 1~2 人份

玄米爆米花 ············· 2 杯
坚果类 ················· 0.5 杯
（腰果、核桃、花生、
南瓜子等）
蔓越莓 ················· 2 大勺

酱料

白糖 ··················· 2 大勺
造清糖浆 ··············· 2 大勺
水 ····················· 1 大勺
食盐 ··················· 少许

🥄 How to Make

1 炒锅里放入所有酱料材料，用中小火煮至从外向内冒泡，无需搅拌。

2 在酱料里放入玄米爆米花、坚果、蔓越莓。

3 快速翻炒搅拌使玄米爆米花与坚果混合均匀。

4 倒入托盘或其他四方形容器里，用力按压成型。

5 待果酱爆米花完全凝固之前，切成一口大小即可。

Tips

步骤 3 使用两把锅铲更加方便。

步骤 4 容器里涂上一层油或者铺一层蛋糕纸，更加方便取出。

谁都喜欢的人气零食

地瓜干

做地瓜干的时候，把地瓜条晾在阳台上，家人来回走动的时候总会顺手抓上一两根吃掉，导致地瓜干还没有做好就被吃光，可见受欢迎程度。地瓜干用红心红薯做出来味道更好，使用食品脱水机、烤箱或自然晒干都很便宜。

Ready

🍲 1~2 人份

蒸地瓜 ············· 3~4 个

How to Make

1 蒸地瓜切成 1cm 厚的长条。

2 把地瓜条整齐地排放在烤盘上。无需预热，直接用 100℃ 烤 1 小时 30 分钟左右，烤至地瓜变硬即可。

Tips

步骤 1 地瓜蒸熟至可以嘎吱咬下去的程度，更容易切条。

香喷喷，口感十足

黄油烤玉米

　　每当玉米旺季，煮 3~4 个玉米棒放到餐桌上总是不受欢迎。担心玉米坏掉浪费，思索下试着用黄油炒了一下玉米粒，没想到几个玉米一会儿工夫就吃完了。

🍴 Ready

🍲 **1~2 人份**

水煮玉米粒 ………… 1 杯
黄油 ………………… 15g
帕尔玛奶酪 ……… 1 大勺

🍴 How to Make

1 在锅底较厚的汤锅里放入黄油，翻炒玉米粒直至颜色金黄。

2 关火之前，轻轻地撒上帕尔马奶酪加以完成。

Tips

黄油烤玉米 用融化的黄油涂抹水煮玉米棒，再放到平底锅上适当烤制。用小木棍插上玉米棒，撒上奶酪也非常美味。

松松软软、细细嫩嫩

年糕炒杂菜

烹制	调味烤肉
15分钟	P16

Ready

🍲 1~2 人份

年糕条 ················ 200g
调味烤肉 ·············· 50g
焯水平菇 ··········· 1/2 杯
剩余蔬菜(彩椒、柿子椒、
洋葱、胡萝卜)····· 1 杯
酱油 ················ 1 小勺
糖浆 ················ 1 小勺
香油 ················ 1 小勺
芝麻 ················ 少许
食用油 ············· 适量

年糕腌料

酱油 ················ 1 小勺
香油 ················ 1 小勺
白糖 ················ 1 小勺

How to Make

1 年糕条等分切成细条,剩余
蔬菜切丝备用。

2 在年糕条里放入所列分量的
腌料腌渍。

3 炒锅里倒入食用油翻炒调味
烤肉,再放入焯水平菇和剩
余焯水蔬菜。

4 翻炒搅拌烤肉和蔬菜之后,
放入腌渍好的年糕条。

5 翻炒均匀,再放入酱油、糖
浆、香油、芝麻即可。

Tips

步骤 2 如果年糕条
发硬,请用热水焯一
下,泡软再使用。

用孩子们爱吃的年糕条炒制的年糕炒杂菜，因为容易烹调，时常会拿来当零食。过去还曾费力地把年糕条切成4等份，现在市面上已经有细年糕条出售。就算放很多蔬菜，女儿也会说颜色漂亮，吃个一干二净。

南瓜糯米烙饼

提前碾磨一些糯米粉放在家里有很多用处。心中回忆着小时候母亲做的风味美食糯米烙饼，自己也试着做出来。只要有糯米粉就可以轻松做好，跟孩子一起动手和面的乐趣也非同一般。

烹制
25分钟

Ready

🍲 1~2 人份

糯米粉	200g
蒸南瓜	50g
坚果	0.5 杯
蜂蜜	2 大勺
黑芝麻	适量
食用油	适量

How to Make

1 糯米粉里放入尚有热温的蒸南瓜和黑芝麻和面。

2 把和好的面揉搓到像耳垂一样柔软。

3 坚果捣碎放入蜂蜜拌匀。

4 把面团分成一口大小，用手按扁。

5 平底锅放入少量食用油，用厨房纸巾轻轻擦拭一下，再把面团放进去煎至金黄。再放入蜂蜜拌坚果，之后对折面饼即可。

Tips

步骤 1 如果是冰箱冷冻的糯米粉，请放在常温去除寒气之后再和面。

步骤 2 如果南瓜的水分不足以和面，请加入一点热水。

静静地翻烤即可

烤年糕片

因为家里经常吃年糕汤，所以冰箱里总会冷冻一些年糕片。偶尔用平底锅简单烤一下年糕片拿来当零食同样深受欢迎。趁热时蘸上蜂蜜食用味道更美。

♨ Ready

🍲 1~2 人份

年糕片 ·················· 1 杯
蜂蜜 ·················· 1 大勺
食用油 ·················· 适量

♨ How to Make

1 平底锅里倒入食用油，用厨房纸巾擦拭一下，再放上年糕片。

2 年糕的表面鼓起时翻面，烤至双面都呈现金黄色。装盘时，请配上一碟蜂蜜。

Tips

步骤 1 冰箱里冷冻的年糕片，请放在常温去除寒气。
步骤 2 大火很容易烤焦年糕片，请用中小火慢慢烤制。

青豌豆一粒一粒，蓝莓一颗一颗

糖馅糯米饼

烹制
10 分钟

这是绿色豌豆和黑色蓝莓若隐若现的健康糯米饼。糯米粉里加入了牛奶和鲜奶油，口感更加筋道香甜。无需放入其他馅料，烙饼变得更加简单。

🍴 Ready

🍴 1~2 人份

糯米粉	200g
黄糖	1.5 大勺
牛奶	3 大勺
鲜奶油	2 大勺
甜豌豆	1 大勺
蓝莓干	1 大勺
食用油	适量

🍴 How to Make

1 糯米粉加入黄糖，用牛奶和鲜奶油拌匀，再放入甜豌豆和蓝莓干拌匀。

2 平底锅里倒入食用油，用厨房纸巾擦拭之后再放入面糊。用锅铲轻轻按压，将饼双面煎至金黄即可。

Tips

步骤 1 如果没有鲜奶油，请再多放 2 大勺牛奶。用手指勾起面糊时，面糊随即流下来的状态比较适合烙饼。根据糯米粉的状态，可用牛奶调节浓稠度。

用手搓成球状的乐趣

地瓜蜂蜜团子

烹制 15分钟 | 蒸地瓜 P17

🥄 Ready

🍲 1~2 人份

蒸地瓜 ··················	2 个
白糖 ·····················	1 大勺
牛奶 ·····················	2 大勺
蛋黄酱 ··················	1 大勺
蜂蜜 ·····················	2 大勺

点缀装饰

黑芝麻 ··················	2 大勺
芝麻 ·····················	2 大勺
卡斯提拉蛋糕 ·····	1/2 块

🥄 How to Make

1 卡斯提拉蛋糕用切刀或手掌碾成粉备用。

2 用叉子捣碎地瓜，用白糖调味。再一边放牛奶和蛋黄酱一边搅拌，达到适合搓成团的浓稠度即可。

3 搓成团的地瓜表面裹一层蜂蜜。

4 再分别裹上卡斯提拉粉、黑芝麻、芝麻即可。

Tips

步骤1 把卡斯提拉蛋糕上端褐色部分切除再使用，颜色才更加鲜亮。

让孩子帮忙捣碎地瓜，把地瓜泥搓成团的时候，她会很认真、很有兴趣地做出来。平凡的蒸地瓜配上卡斯提拉蛋糕和芝麻之后更加美味。

蔬菜也不错

茄子披萨

茄子披萨是含有大量茄子和彩椒的妈妈牌披萨。虽然偶尔也用烤箱来烤，但使用微波炉可以短时间内做好披萨。这款披萨的优势在于可以吃大量蔬菜。

烹制
15分钟

🍴 Ready

🍲 1~2 人份

茄子 ························· 1 根
彩椒 ···················· 1/2 个
柿子椒 ················· 1/4 个
洋葱 ···················· 1/3 个
维也纳香肠 ··········· 1 根
食盐 ······················ 少许
意大利面酱料 ····· 3 大勺
披萨奶酪 ·············· 1 杯
食用油 ·················· 适量

🍴 How to Make

1 茄子和香肠洗净、切成圆片。彩椒、柿子椒、洋葱洗净、切小丁。

2 在没有放食用油的平底锅里烤茄子，烤到双面均泛起褐色即可装盘备用。

3 在炒锅里倒入少量食用油，放入切丁蔬菜和少许食盐翻炒，再放入意大利面酱料拌匀。

4 在容器里层层摆放烤茄子、炒蔬菜、披萨奶酪。

5 在最上层铺满披萨奶酪和香肠，放进微波炉转 1 分 30 秒左右直至披萨奶酪足以融化即可。

泡菜与地瓜是绝配

烹制
15分钟

蒸地瓜 P17
调味泡菜 P17

奶酪烤地瓜泡菜

  刚刚蒸好的地瓜配上入味的泡菜，想想都要流口水。由于家里人口少，每次蒸地瓜总会剩下几个。每当这时，放上炒泡菜再撒上披萨奶酪用微波炉转一下，不到一会儿工夫就会一扫而光。

Ready

🍲 1~2 人份

蒸地瓜	1 个
调味泡菜	0.7 杯
披萨奶酪	1 杯
欧芹粉	少许
食用油	适量

 Tips

步骤 1 炒制时留有一定的水分才更加美味。

How to Make

1 炒锅里放入少许食用油翻炒调味泡菜备用。

2 蒸地瓜去皮，切成一口大小的扁平形状。

3 在耐热的容器里层层放上炒泡菜、地瓜、披萨奶酪，再撒上少许欧芹粉之后放进微波炉转至披萨奶酪足以融化即可。

100% 原汁原味的水果

水果干

　　水果干做好之后极其受欢迎。只要切成片状，过段时间就可以收获美味的水果干。现在的烤箱和食品干燥机功能很强，在家也可以轻松地做出水果干。

🍴 Ready

🍲 **1~2 人份**

甜柿 .... 3 个
苹果 .... 3 个

🍴 How to Make

1 苹果洗净、切成圆片，再抠除中间的籽。甜柿去皮切成一口大小。

2 食用烤箱或食品干燥机抽干水果水分。烤箱用 80℃ 温度烘干 2 小时以上，食品干燥机用 60℃ 温度烘干 5 小时以上。

Tips

步骤 2 根据水果的分量和切片的厚度的不同，烘干时间也有所不同。

面包卷火腿

面包热狗

烹制 10 分钟

Ready

1~2 人份

切片面包	2 片
香肠	2 根
鸡蛋	1 个
面包粉	0.5 杯
披萨奶酪	少许
食用油	适量

How to Make

1 切片面包切掉四边，用擀面杖擀扁。香肠用热水煮一下。

2 在切片面包上放少许披萨奶酪和香肠卷起来，卷到最后时抹上鸡蛋液粘贴。

3 均匀搅拌鸡蛋液，再把面包卷放进去浸湿。

4 在面包卷上均匀地裹上一层面包粉。

5 加热油锅，把步骤 4 材料放上去炸至表面金黄，淋上番茄酱即可。

Tips

步骤 2 放入披萨奶酪时，香肠和面包很容易黏在一起。鸡蛋液也可以提高面包的黏合度。

小时候拉着母亲的手一起去菜市场，在那儿吃过热狗。把两层面糊吃了好一段时间才露出里面的香肠。现在我的女儿偶尔在外面买热狗吃的时候，也会抱怨面糊太厚。若想达到面糊薄一点，香肠厚一点的效果，面包热狗就是绝佳选择。

油炸食品无论何时都好吃

油炸迷你南瓜

因为南瓜的皮很硬，通常都会把皮削掉再烹饪。但个头偏小的迷你南瓜皮较软，经常直接用来烹调。尤其是油炸的时候，绿色南瓜皮和黄色南瓜瓤的搭配非常漂亮，非常适合直接油炸。

🍴 Ready

🍲 1~2 人份

迷你南瓜	1 个
面粉	2 大勺
食用油	1 杯

面糊

炸粉	0.5 杯
水	0.5 杯

🍴 How to Make

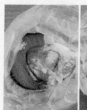

1 迷你南瓜洗净、切成两半，刮掉南瓜子，切成 0.5cm 厚度之后裹上面粉。用所列分量的材料调制面糊，裹在南瓜上。

2 油锅加热至 180℃，放入南瓜炸至金黄即可。

Tips

步骤 1 南瓜表面先裹上一层面粉之后更容易裹上面糊。利用塑料袋即使用少量的面糊也可以均匀地裹上面糊。

步骤 2 把 1 滴面糊滴入油锅里，面糊下沉一半就立即浮出油面时，油温比较适合油炸。

食材很简便

苹果鸡蛋沙拉

　　讲究的餐桌自然少不了沙拉。无需特别的材料，只要有苹果和煮鸡蛋就可以迅速做好这款沙拉。如果再放一些坚果味道更香醇。

🍴 Ready

🍲 1~2 人份

苹果	1 个
煮鸡蛋	2 个
坚果（腰果、开心果、葡萄干）	0.5 杯

酱料

蛋黄酱	2 大勺
整粒芥末酱	1 小勺
白糖	1 小勺
食盐	少许

🍴 How to Make

1 苹果和煮鸡蛋切成合适的大小。

2 把苹果和鸡蛋丁、坚果放进容器里，用所列材料调制的酱料拌匀即可。

Tips

步骤 1 如果用冰箱里冷藏的苹果做沙拉，味道更加清爽清脆。

细细软软的土豆是一品

土豆沙拉

用土豆、黄瓜、胡萝卜迅速做出的沙拉，舀了一勺冰激凌放在上面，不仅可以吸引眼球，沙拉里的黄瓜酸酸甜甜口感非常清爽。就这样夹在面包里也非常美味。

烹制
15 分钟

🥄 Ready

🍲 1~2 人份

土豆 .... 2 个
胡萝卜 .... 1/2 根
黄瓜 .... 1/4 根

黄瓜腌汁

白糖 .... 2 小勺
醋 .... 2 小勺
食盐 .... 0.5 小勺

酱料

蛋黄酱 .... 2 大勺
白糖 .... 1 大勺
炼乳 .... 1 小勺
食盐 .... 少许

🥄 How to Make

1 土豆、胡萝卜洗净、切大块，煮熟之后放在筛子上沥干水分。

2 黄瓜切薄片用所列材料调制的黄瓜腌汁腌渍，再用蒸笼布挤干水分。煮熟的胡萝卜切成小丁。

3 煮熟的土豆晾凉之后捣成泥。

4 在土豆泥里放入蛋黄酱、白糖、炼乳拌匀，再放入腌黄瓜和胡萝卜。

5 把所有的材料加少许盐拌匀即可。

即使不那么甜也很好

水果冰棍

草莓季节里冷冻存放的去蒂草莓，和异常香甜的冷冻芒果，加上牛奶、炼乳做成冰棍。孩子说自己一口气吃下两根，妈妈也不会给眼色，开心地称赞创意非常好。

Ready

🍴 1~2 人份

草莓冰棍

冷冻草莓	150g
牛奶	100g
炼乳	3 大勺

芒果冰棍

冷冻冰棍	150g
牛奶	100g
炼乳	2 大勺

How to Make

1 水果和牛奶、炼乳放进搅拌机，用搅拌机榨出细腻的汁。

2 倒入冰棍模具里，放进冰箱冷冻 4~6 小时即可。

Tips

步骤 1 请根据水果的糖度调节牛奶和炼乳的用量。放蜂蜜也很好。牛奶分量足够榨出芒果汁和草莓汁就可以。